渝景十年

重庆市园林行业协会 编著

中国建筑工业出版社

图书在版编目（CIP）数据

渝景十年 / 重庆市园林行业协会编著. -- 北京 ：
中国建筑工业出版社，2014.10
ISBN 978-7-112-17322-8

Ⅰ. ①渝… Ⅱ. ①重… Ⅲ. ①园林艺术－研究－重庆
市 Ⅳ. ①TU986.627.19

中国版本图书馆CIP数据核字(2014)第222045号

《渝景十年》作为2014年中国省市园林行业协会工作交流会上推介重庆园林的专著，主要刊登历届重庆市“茶花杯”优秀园林绿化工程奖的获奖作品，同时吸收了部分重庆优秀园林工程案例。“茶花杯”自2003年起，每年针对重庆市优秀园林绿化工程进行择优评选，本次专著选登，各大公司积极参与并配合工作。

本书以简练的文字和精美的图片，从不同角度介绍了重庆优秀园林绿化工程的风采，充分展现了重庆园林行业持续发展的蓬勃生机。

本书共分五部分，第一部分“公共景观”，介绍了办公区、公园、广场、旅游景点等公共开放空间的景观特色；第二部分为“别墅景观”，介绍了别墅区的景观格局、景观特色等；第三部分“洋房景观”，展示了多层住宅及综合性社区的景观风貌；第四部分“高层景观”，展示了高层住宅区的景观格局、景观特色等；第五部分“同仁寄语”，为重庆园林企业代表表达对《渝景十年》寄予的深切希望。

本书不仅记载着重庆市“茶花杯”十余年的优秀成果和宝贵信息，也反映重庆园林行业的发展动态，在一定程度上展现出中国园林学科在宏观、中观和微观园林等多个领域的全面发展。

本书可供风景园林专业的规划设计人员、工程建设人员使用，也可供建筑设计、城市规划、环境设计、旅游规划等部门和各类教育院校有关人员参考。

责任编辑：唐　旭　李成成
责任校对：张　颖　陈晶晶

渝景十年
重庆市园林行业协会 编著
*
中国建筑工业出版社出版、发行（北京西郊百万庄）
各地新华书店、建筑书店经销
北京盛通印刷股份有限公司印刷
*
开本：880 ×1230毫米　1/16　印张：$12\frac{3}{4}$　字数：390千字
2014年10月第一版　2014年10月第一次印刷
定价：138.00元
ISBN 978-7-112-17322-8
(26096)

INSCRIPTION

题字

渝景十年

唐情林書

二〇一四年九月

序一

PREFACE

城市景观是否使人愉悦,与设计师独到的设计息息相关,更是与施工企业精心的施工密不可分。俗话说，三分设计，七分管护，就是说设计之后的工作十分重要，直接关系到是否能够将设计师的意图体现出来，是否能够在具体实施中解决一些设计中不可预料的因素，是否能够把握整体环境，打造和谐适宜的环境景观，是否能够使景观效果可持续发挥等问题，所以说，某种程度上甚至可以说施工质量是体现设计效果的重要因素。

为了达到好的景观效果，对从事施工、管理、养护等工作的企业和个人也提出了更高的要求，一方面要求能够完全、深入地理解设计师的创意和心思，能够在各个环节贯彻设计师的意图；另一方面要掌握施工工艺、新材料的性能、植物造景的要求、园林工程的运用等；有时一个经验丰富的好的施工企业和人员甚至可以修正设计方案的不足之处，遇到新问题可以提出自己有益的解决方案。

“茶花杯”是重庆市园林行业协会坚持了很多年的一个品牌，茶花杯的评选从报名、评委选拔、实地考察、现场答辩等一系列环节都严格把关，也获得了广大园林施工单位的认可，有力地促进了重庆市园林施工质量的提升，正如茶花盛开，雅丽炯永。

衷心地祝愿“茶花杯”越办越好！

重庆大学建筑城规学院

杜春兰

2014年9月

PREFACE

序二

作为我国长江上游中心城市的重庆，山峦叠嶂，江河纵横，是众人皆知的“山城”、“江城”，以“山是一座城，城是一座山”，“城中有江，沿江为城”而闻名于世。重庆，资源丰富，历史悠久，人杰地灵，包容超度，特殊的自然与人文禀赋孕育了其独特而五彩斑斓的山水园林景观。

园林作为城市唯一具生命力的绿色基础设施，在美丽中国以及生态与人居环境等建设中具有不可替代的重要地位和角色，重庆园林伴随改革开放步伐也迈入了历史新台阶，谱写出了辉煌的篇章。

园林景观质量的优劣、建设成本是否合理、规划设计主题能否实现等均与园林施工技艺高低密切相关。如果说，场地是宣纸，设计是笔墨的话，施工就是建筑，美丽的图画只有通过建筑才能变成现实。

园林景观工程建设是一种独具特点的工程建设，施工不仅要满足一般建设项目使用功能与工程技术的要求，同时更重要的是还应满足园林造景的艺术要求，“栽花种树，全凭诗格取裁”，释然也，必须与环境密切结合，将自然的纯粹与人工的天巧有机融合，达到“虽由人作，宛自天开”之境界，总体具有施工现场多样 、施工工艺标准高 、施工程序复杂 、施工专业性强、需多工种协调配合等基本特点，同时，施工还不仅仅是一个按图建筑景观的过程，更是对规划设计方案进一步优化再创作的过程，某种意义上讲，园林建造师才是真正的园丁。

重庆市园林行业协会开展“茶花杯”优秀园林工程项目评选活动，既为重庆园林建造师们提供了展示水平的舞台，推动了重庆风景园林事业的蓬勃发展，更通过《渝景十年》书册的出版发行，直观生动地展现了重庆园林及园林人的风采，是一件十分有意义的事情，真心希望通过“茶花杯”这个平台，愿重庆园林像市花——山茶花一样绽放得更加绚丽夺目，耀眼世界。

西南大学风景园林教授、博导

秦华

2014年9月

前言

FOREWORD

山水之美，源于自然。园林之美，高于自然。

园林是人化的环境，是人与自然亲近的一个空间景域。从造园技法所遵循的美学原则来分析，中国园林艺术创造的渊源是中国人内心深处与自然合为一体的“天人合一”的原初观念和宇宙意识，也源于农耕民族在生产生活中积累起来的对自然的依恋之情。老子说“人法地，地法天，天法道，道法自然”。在中国人的传统观念中，自然与人事不可分割，这种思想反映在园林中则是以崇尚自然、因借自然为造园的主旨和目标。造园时因借天时地利，游园时重顺人性人情，强调外在自然与内在自然的和谐统一，即“天人合一”，这是中国园林文化意韵的集中体现。

“仁者乐山，智者乐水”，作为山水皆有的重庆,自然景观上更是得天独厚。巴渝地区以山地地形为主，自然景观独具特色，“山在城中，城在山上”，山山水水，城城池池相互融合，宛如天成，这样的环境为园林造景奠定了很好的基础。20世纪90年代，我国著名科学家钱学森就21世纪城市建设模式提出了“山水城市”这一体现系统观、发展观和生态观的园林新构想。随着社会经济的发展，重庆在这一理念的指导下展开了“山水园林城市”的规划建设。重庆主城地处嘉陵江和长江交汇的低凹区域，具有独特的江域山城风貌，气候环境温和，自然文化、历史文化资源丰富，经过漫长的历史积淀，形成了独特的自然和人文环境结合的大山大水风格。

园林工作者们分析了有关重庆园林的历史文化成因和重庆园林的特色后，秉承“虽由人作，宛如天开”的审美理念和“源于自然，高于自然”的造园理念，铸造了一个个代表山城特色的美丽景观。2011年在渝举办的第八届中国（重庆）国际园林博览会更是对外展示了重庆园林行业的专业水平和重庆园林人的聪明才智。此书的编著，是让人们更好地了解重庆，了解重庆的园林景观。相信此书的出版，会再次推动重庆园林行业的发展及全国园林界的有机融合。

重庆市园林事业管理局巡视员、高级工程师

况平

目录

渝景十年

目录

LANDSCAPE

公共景观

项目名称：重庆市江北城中央公园景观建设工程
施工单位：重庆渝西园林集团有限公司
项目荣誉：2010年度重庆市“茶花杯”优秀园林绿化工程奖
项目简介：

重庆江北嘴中央商务区中央公园最大的看点在于精致的绿化。刚一进园，一条贯穿整个公园、自西向东的中轴线随之呈现，这也是中央公园的主干道，市民可以沿着这条中轴线走到位于中轴线中段的重庆科技馆和江边的重庆大剧院，沿途是不断延伸的青葱草地和高大香樟。中轴线中段，有一条与之交叉的横向步道，名为桂花街。街上两座风格各异的教堂相映成趣，浅色的天主教堂名为福音堂，深灰色的基督教堂名为德肋撒堂。

项目名称：重庆园博园园林景观工程第二十一标段
施工单位：重庆金点园林股份有限公司
项目荣誉：2013年度重庆市“茶花杯”优秀园林绿化工程奖
工程面积：58470㎡
项目简介：

工程位于园博园东部，提取中国传统门窗元素作为模纹基本形，在其中镶嵌中国传统园林中四大造景要素——山、水、树、人作为主题功能区展开演绎，是一处用现代设计语言演绎的微缩古典园林。

GOLDEN
高地景观

项目名称：重庆园博园园林工程第二十二标段（荟萃园A区、B区）

施工单位：重庆渝西园林集团有限公司

项目荣誉：2012年度重庆市“茶花杯”优秀园林绿化工程奖

项目简介：

荟萃园林展区（共9个展园）位于园区中部较为独立的山体区位，面积65000㎡，设有9个城市展园。利用多种传统园林手法和多样园林景观要素，打造以传统园林为核心的景观园，突出园博园的中心思想，较好地突出园博会的主题。重云塔，位于荟萃园顶部的山脊上，是重庆园博园全园的制高点。站在塔顶向远处眺望，园博园中的龙景湖、漫山遍野的绿树、精致的建筑，都能尽收眼底。“巍巍高百丈，直入破重云”，重云塔已出落得大气而巍峨，屹立在山水灵气交合之中。

项目名称：重庆园博园园林工程第二标段（卧龙石景区）
施工单位：重庆绿巨人园林景观有限公司
项目荣誉：2012年度重庆市“茶花杯”优秀园林绿化工程奖
项目简介：

本工程属于山地园林，地形东高西低，有一块原生石约4000㎡，取名卧龙石。东面地势较高，以原有植物景观为主，补充栽植高大乔木，使林冠线更为丰富。修建游览步道，配以低层植物。北面入口利用地形落差修建木栈道，增加游玩趣味，点缀了山体自然景观。西面沿卧龙石脚下，是疏林草地，与其后的山体、原生植物形成了对比，对山体的形态起到一定的补充作用，具有步移景异的效果。

项目名称：重庆园博园园林景观工程第一标段（云顶景区）
施工单位：重庆市花木公司
项目面积：约78000㎡
项目荣誉：2012年度重庆市“茶花杯”优秀园林绿化工程奖
项目简介：

重庆市园博园园林景观工程第一标段（云顶景区）工程位于园博园北部，主入口处山体顶端为全园内八座山体的制高点。为了让观众方便俯瞰园区全貌，在云顶山之巅设置主观景平台；同时，在云顶山比较平坦的地带，建起了大量的疏林草地供游人游玩。云顶山体的四周，还种植了大量茂密的森林。这里树木葱茏，四季常青，游人于此凭栏远眺，“林、园、山、湖”尽收眼底，是登高揽胜的最佳地点。

项目名称：重庆融侨公园3、4区景观工程
施工单位：重庆艾特蓝德园林建设（集团）有限公司
项目荣誉：2011年度重庆市“茶花杯”优秀园林绿化工程奖
项目简介：

融侨公园位于重庆市南岸区融侨半岛区域融侨城项目内，总占地面积120000㎡。该公园免费向市民开放，已成为森林南岸的一张名片。

融侨公园的设计贴合“生态、文化、休闲、家园”的主题，本着以尊重生活的人文为尺度，以“一湖”——生态湿地为核心，布局以“两廊”——文化休闲走廊、生态休闲走廊构建五大功能分区：运动休闲区、铜元局历史文化区、亲水休闲区、迎宾广场区、生态湿地休闲区。

融侨公园开园以来，不仅提升了整个南岸区宜居生态环境，而且解决了几十年来铜元局片区缺少公园的问题，为当地百姓创造了舒适的休闲与游憩场所。

项目名称：大竹百岛湖1号岛一期项目和悦庄酒店园林景观工程

施工单位：重庆艾特蓝德园林建设（集团）有限公司

项目规模：55000㎡

项目简介：

中国百岛湖温泉小镇整体是以温泉为主线，融高档旅游休闲、温泉度假、时尚运动、湖滨生态养生等为一体的温泉旅游度假区。该项目以水为依托，以山为背景，将植物、水体与温泉融合成精品景观，打造成“亚洲第一水天堂”，形成“吃、住、行、游、购、娱”的完整旅游线。

项目名称：达州张家坝滨江休闲带景观工程二三期园林景观工程
施工单位：重庆艾特蓝德园林建设（集团）有限公司
项目规模：90000㎡
项目简介：

达州张家坝滨江休闲带景观工程，位于四川省达州市通川区，场地沿州河和明月江河呈带状分布，总长度约2.5km。景观带宽度从60m～206m，垂直高差14m～32m。设计根据现状地形，采用“三区、四带、八景”的结构形式和全方位开放式空间布局，赋予其生命力和活力，让其通过自我的可持续发展从而成为达州市新城城市建设和成长的动力之源、城市之心。

项目名称：重庆市江北区鸿恩寺公园鸿顶云霞景观工程
施工单位：重庆原野园林景观工程（集团）有限公司
项目荣誉：2004年度重庆市“茶花杯”优秀园林绿化工程奖
项目规模：680340㎡
项目简介：

鸿恩寺森林公园位于重庆市嘉陵江北岸，总占地面积680340㎡，不仅是重庆市主城区最大的城市综合性公园，更被国家林业局称为“中国森林公园的典范”。

鸿恩寺
森林公园

项目名称：重庆市中央公园南区B标景观工程

施工单位：重庆市园林建筑工程（集团）有限公司

项目规模：1800000㎡

项目简介：

中央广场区以艺术铺装与阵列树林为主体景观，营造大气的节日庆典、集会空间。活力水景区，借谷地建设湖面，以休闲廊桥、绿谷湿地和喷泉艺术为主题景观；阳光草坡区，在中部坡地布局中央大草坪，以阳光草坡与活动场地为主体景观；半岛镜湖区，在场地的中南部洼地蓄水形成大面积的镜湖，以自然湖面和活动水湾为主体景观；密林溪流区，在最南部的浅丘区域，布局南门入口广场，以缓山林地、溪流小径与五彩花园为主体景观，是抗战文化的新符号和新阐释，以唤醒城市记忆，传承历史文脉，弘扬抗战精神。

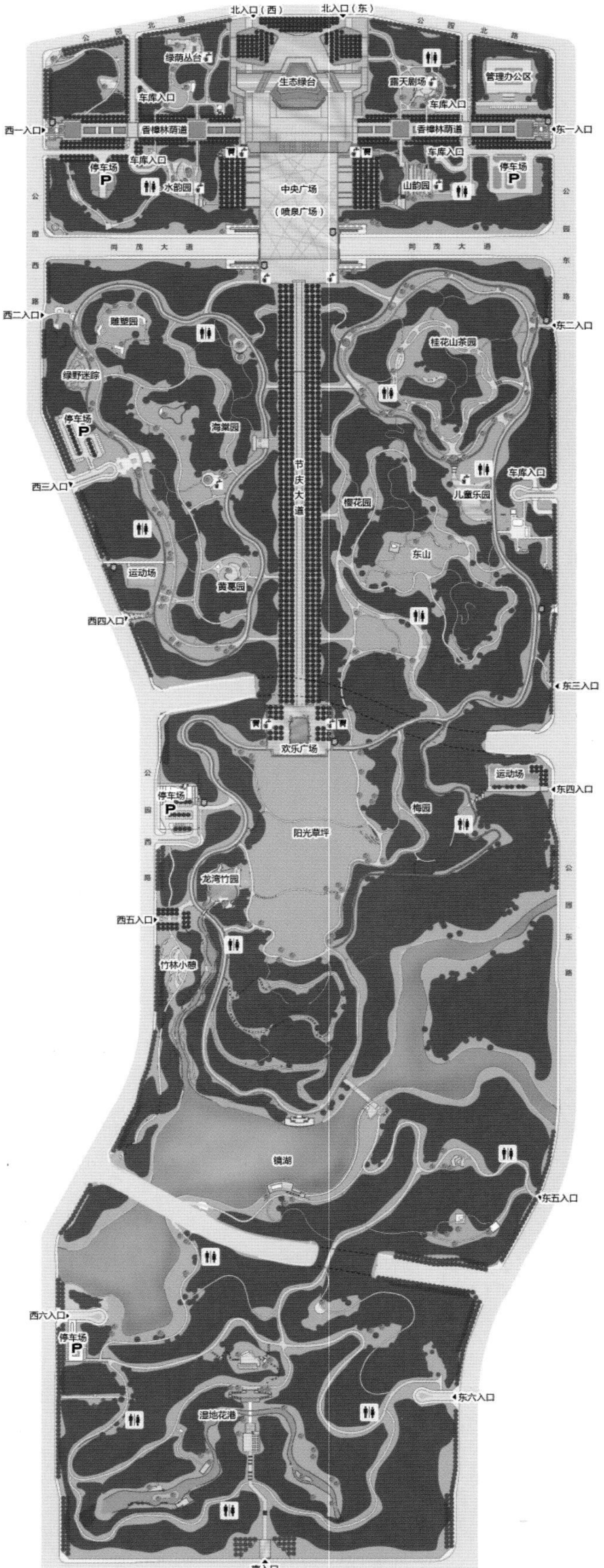

项目名称：重庆市南山植物园中心景观园绿化工程
施工单位：重庆华宇园林股份有限公司
项目荣誉：2008年度重庆市“茶花杯”优秀园林绿化工程奖
项目简介：

重庆市南山植物园中心景观园工程是重庆市南山植物园新大门入口中心景观，重庆市重点工程。占地面积约32500㎡，景观绿地面积约17000㎡，其中硬质景观面积为500㎡。该工程包括入口广场、景观大道等硬质铺装、园林景观绿化、建筑景观小品及绿化附属设施、叠水水池等，是一个融景观、生态于一体的公园中心景园。

项目名称：重庆大学虎溪校区云湖片区景观绿化工程
施工单位：重庆金土地园林工程有限公司
项目简介：

该工程项目是围绕“云湖”这个天然湖泊而设计出图书馆、教学楼、实验楼、文艺楼等建筑集群，所以水体驳岸施工是景观工程的点睛之作。施工单位用重庆本地出产的龟纹石，由荣获“中国盆景艺术大师”称号的专家现场指导，用近万吨龟纹石将云湖驳岸打造出钟灵毓秀、巧夺天工的景观效果，再配以垂柳、碧桃、肾蕨、芙蓉、杜鹃、杂交草等花草树木，将沿湖两岸建造成鸟语花香、树影婆娑的亲水绿地，是重大学子们踞石读书和休闲憩息的好去处。

CHONGQING UNIVERSITY

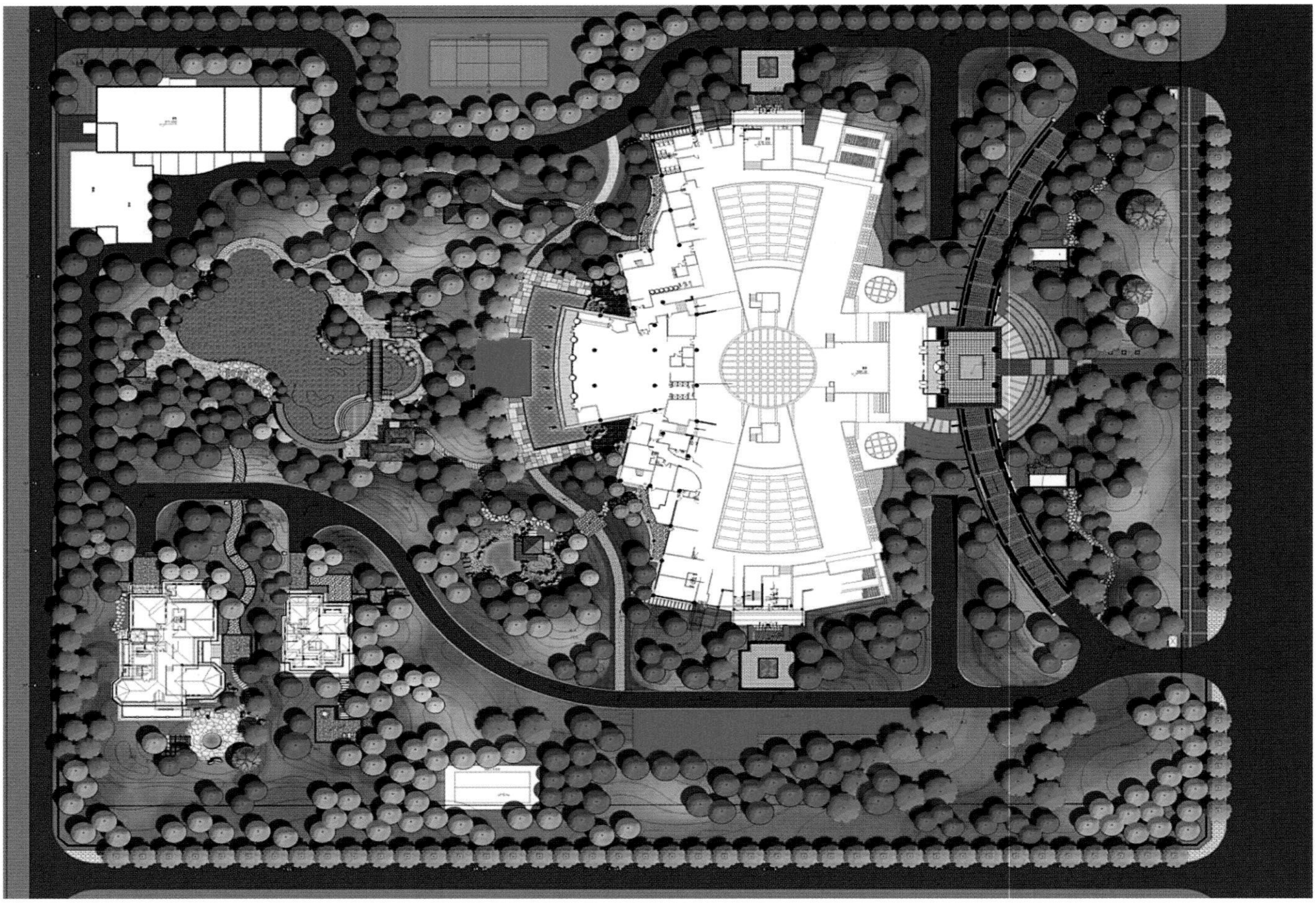

项目名称：大足华地王朝大酒店园林景观工程
施工单位：重庆宏兴园林工程有限公司
项目荣誉：2010年度重庆市“茶花杯”优秀园林绿化工程奖
工程面积：占地面积60亩、景观总面积 34430㎡
项目简介：

在运用各种经典乡土景观材料的同时，为使酒店景观效果更具地域文化特色，在建设过程中，酒店内大量栽植大足乡土植物——银杏、黄葛树、朴树、小叶榕、桂花、楠竹、洋槐等。这些乡土植物构成了软质景观基调，同时再配以少量外地特色品种，使园林景观更具多样性和观赏性。这种大量引用乡土植物和乡土景观材料的设计思想，成为五星级酒店中的节约型园林建设典范。

项目名称：重庆上邦国际社区SPA温泉区环境景观工程
施工单位：重庆中源园林工程有限公司
项目荣誉：2012年度重庆市“茶花杯”优秀园林绿化工程奖
项目规模：22200m²
项目简介：

该项目位于九龙坡区金凤镇上邦国际社区，项目面积22200m²。整个工程主要由SPA主馆、villa小屋、廊酒吧、公共温泉区等构成。其精致的线脚、优美的线性溪流、自然的千层石墙、灵动的温泉泡池等均演绎温泉的自然神韵。在植物配置中采用独特的反季节施工工艺，确保植株在冬季和夏季实现全冠移栽，保证了在小空间范围内营造出庭荫效果。在硬质景观上，含有手工工艺打造，映天水池、特色花岗石花钵、木廊架等都精工细琢、独具匠心、赏心悦目。在水景处理上，利用附近自然溪流，让绿地自然接入水体，营造自然亲切的驳岸景观。利用自然溪流水源，通过沉淀处理，在营造人文跌水景观同时，节约用水。

Days Hotel
& Suites

项目名称：重庆市大渡口区义渡公园二期景观工程

施工单位：重庆三色园林建设有限公司

项目荣誉：2010年度重庆市“茶花杯”优秀园林绿化工程奖

工程面积：37000㎡

项目简介：

本工程以“渡口文化”为主题，塑造了一个集休闲、运动健身、文化体验等多功能为一体的义渡文化主题公园，构成“一轴、一线、三大主题园区”的空间关系。利用优美的自然风光，并通过徽派构筑物的搭配，在视觉上铺陈了一种传统中国的色调，也宣扬了“义渡”文化的主题。

项目名称：重庆市大渡口区中华美德公园二期景观工程

施工单位：重庆三色园林建设有限公司

项目面积：23000㎡

项目荣誉：2009年度重庆市“茶花杯”优秀园林绿化工程奖，重庆市优秀城市公园

项目简介：

该工程位于大渡口双山隧道旁，工程利用得天独厚的地形和地理优势，在施工中，秉承和谐生态型城市绿化理念，将设计与实际、保护和修复相结合，重点突出城市主题公园的概念。游美德公园，赏名家墨宝，观石刻故事，品文化香茗，修品德素养，传承中华美德。该工程目前是全国第一个以“美德”为题材的主题式公园，是重庆市10个登山步道公园之一。中华美德公园为市民提供了一个体验城市精神、接受传统熏陶、增进道德素质并集城市公共文化创新于一体的空间。它主要以仿古建构筑物及美德文化打造为主，如：美德墙、茅庐礼舍、浮雕、仿古亭、牌坊、仿古大门等；公园内植物配置以高大乔木为主，如：银杏、桂花、广玉兰等，在以乔木为中心点缀灌木或攀缘植物的同时，将高低掩映的植物打造成含蓄莫测的景深幻觉，扩大了公园内的空间感，让人仿佛感受到中华传统美德的源远流长。

项目名称：重庆北部新区高新园柏林公园园林绿化工程
施工单位：重庆大方园林景观设计工程股份有限公司
项目荣誉：2007年度重庆市“茶花杯”优秀园林绿化工程奖
项目简介：

柏林公园位于北部新区光电园中心区，建于亚太峰会之前，在亚太峰会期间，世界各国的市长们在公园内合影留念，并种下了百棵桂花树，因此也叫百林公园。园内树林茂密，林中小道曲径通幽。园内有一个40余亩的百林水库，210亩森林，成了周围小区居民亲近自然、休闲养生的好去处。

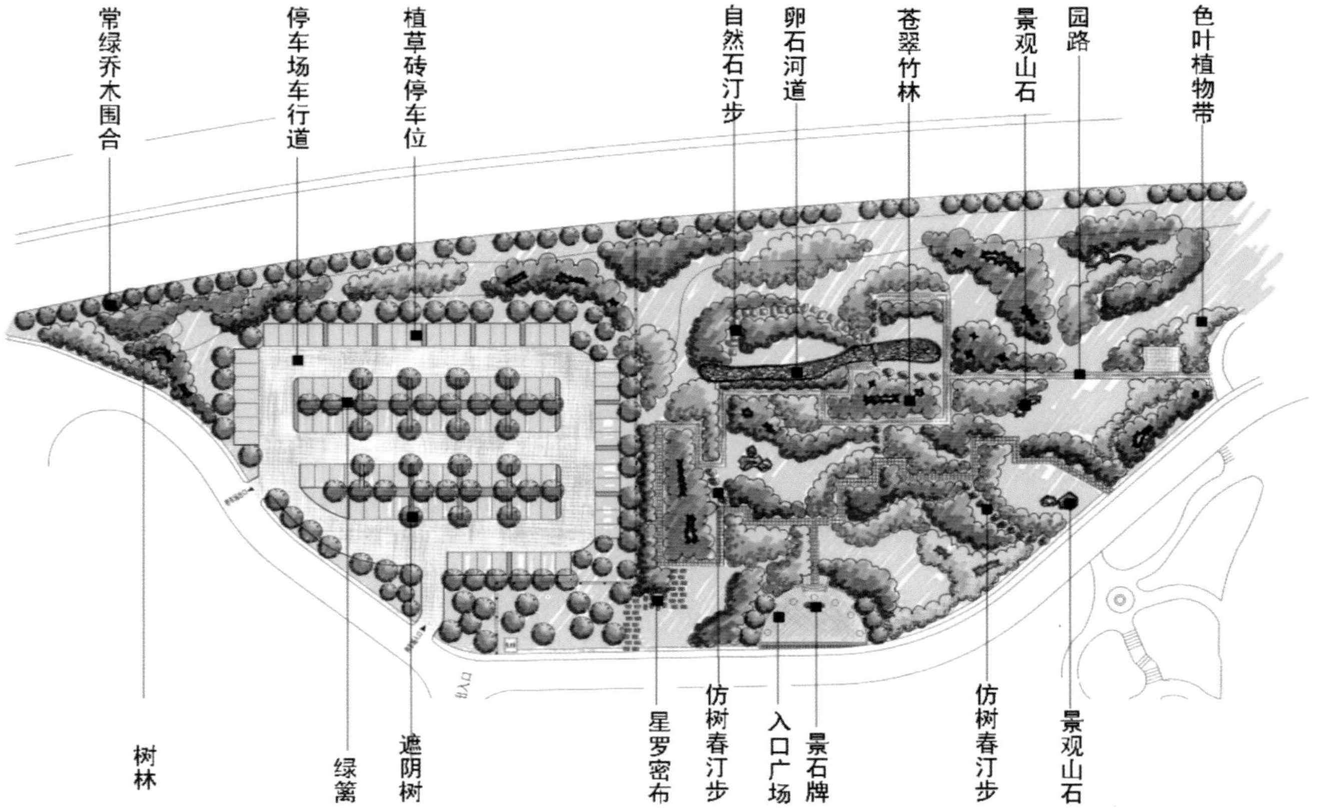
常绿乔木围合
停车场车行道
植草砖停车位
自然石汀步
卵石河道
苍翠竹林
景观山石
园路
色叶植物带
树林
绿篱
遮阴树
星罗密布
仿树春汀步
入口广场
景石牌
仿树春汀步
景观山石

项目名称：重庆市华岩旅游风景区功德林景观工程
施工单位：重庆市星月景观工程有限公司
项目荣誉：2007年度重庆市“茶花杯”优秀园林绿化工程奖
项目简介：

华岩旅游风景区功德林停车场及景观工程位于九龙坡区华岩寺，总施工面积约20049㎡，绿化面积15039㎡，停车位107个，其工程主要内容为道路施工、停车位铺装。该工程环境整治工程平面呈带三角形，施工面积约3900㎡。

项目名称：大足石刻宝顶山景区提档升级景观雕塑工程

施工单位：重庆大千园林古建筑设计院有限公司

施工面积：约10000㎡

项目简介：

项目位于重庆市大足区宝顶镇香山社区，项目主要建设内容包括：景区入口广场；第一重牌坊大门（接引门），总长37.57m，高16.4m；第二重牌坊大门（般若门），总长33.76m，高15.4m；经幢（2座）高19.6m，投影宽度5.4m；心月禅柱（18座）高4.8m，投影宽度1.35m。

寶頂山

项目名称：李子坝公园暨重庆抗战遗址建筑群景观工程
施工单位：重庆致盛建筑园林景观工程有限公司
　　　　　重庆金点园林股份有限公司
项目荣誉：2010年度重庆市“茶花杯”优秀园林绿化工程奖
工程面积：120000㎡
项目简介：

项目绿地率约60%，栽种有大型的银杏、香樟、黄桷树等大型乔木上千株，各类灌木、花卉数万株。公园内包含5组抗战历史文物建筑，分别是高公馆、李根固旧居、刘湘公馆、国民参议院旧址、交通银行学校旧址，集中展示了重庆抗战时期的政治、经济、文化、军事、外交、金融等各个方面的历史风貌，是抗战文化的新符号和新阐释，以唤醒城市记忆，传承历史文脉，弘扬抗战精神。

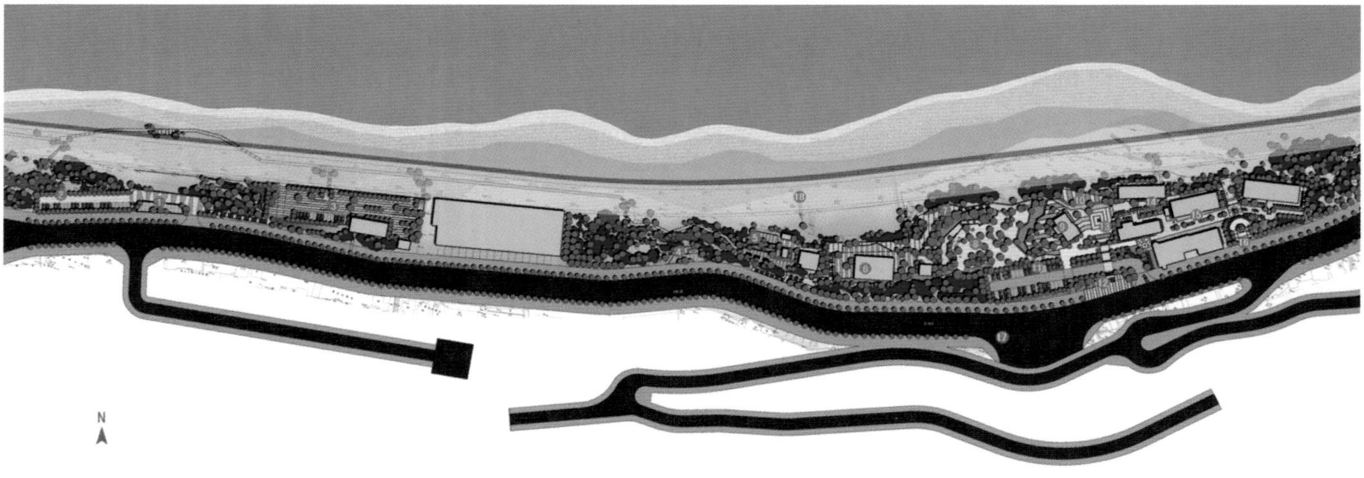

01. 休闲平台　02. 临时停车场　03. 少林堂　04. 城市阳台　05. 休闲阶梯台地　06. 刘湘故居　07. 观景平台　08. 文化广场　09. 李根固故居
10. 观景阳台　11. 生态停车场　12. 主入口　13. 中心广场　14. 休闲茶室　15. 文物建筑群　16. 城市小品　17. 李子坝正街　18. 牛滴路

项目名称：大昌古镇民居群搬迁复建工程

施工单位：重庆市园林建筑工程（集团）有限公司

项目简介：

因三峡蓄水而将会淹没的大昌古镇，系明清建筑群，是距今已有1700多年历史的国家重点保护文物。

按照“修旧如旧”的要求，遵循“可持续发展”及“保护性利用”的原则，重庆市园林建筑工程(集团)有限公司承担了古镇的整体迁建工程，并投资增加完善了古镇必须的配套建筑和环境设施。新的大昌古镇，依然保持原存的“丁”字街布局，用地50000㎡，建设面积约20000㎡，距离水面约100m，是我国唯一一个整体搬迁的古镇。

新古镇已向游客开放，取得了显著的经济和社会效益，被誉为“中国古镇搬迁与文物保护利用”的一个经典之作。

项目名称：云阳张桓侯庙东侧滑坡抢险治理园区内园林景观绿化恢复工程
施工单位：重庆市园林建筑工程（集团）有限公司
项目简介：

张飞庙，又名张桓侯庙，系国家重点文物保护单位，国家AAAA级风景名胜区。与云阳县城隔江相望，为纪念三国时期蜀汉名将张飞而修建，始建于蜀汉末期，后经历代修葺扩建，距今已有一千七百余年的历史。云阳张桓侯庙东侧滑坡抢险治理园区内园林景观绿化恢复工程，对部分文物古建筑进行了恢复，尊重历史原貌和整体上古朴、自然的风格，同时对植被绿化和景观进行改造，丰富和协调了文物空间环境。

项目名称：忠县石宝寨文物保护古建维修、景观环境园林工程
施工单位：重庆市园林建筑工程（集团）有限公司
施工荣誉：中国博鳌“2009领军中国十大建筑品牌优秀工程范例”奖
项目简介：

石宝寨是我国唯一的一座借助架于石壁上的铁索在山顶修建的寺庙。始建于明朝万历年间，经清代康熙、乾隆年间修建完善；嘉庆年间，又聘请能工巧匠研究和解决如何取代铁索上山的难题。如今这里已成为游客眺望长江景色的“小蓬莱”。三峡蓄水后，为保护石宝寨，沿寨周围修建了大型护堤，使其俨如一巨型江中盆景。

全国重点文物保护单位
石宝寨

项目名称：蓬安“嘉陵第一桑梓”景区万寿宫建设工程
施工单位：重庆市园林建筑工程（集团）有限公司
项目简介：

蓬安万寿宫位于蓬安县嘉陵江畔，周子古镇内，总占地面积约2000㎡，恢复重建仿古建筑面积1500㎡，牌楼、主大殿、厢房、戏楼、庭院组合成一个四合院。重庆市园林建筑工程(集团)有限公司经过两年的精心打造，使该工程大殿气势恢宏，厢房、戏楼玲珑剔透，金饰彩绘栩栩如生，门窗镂空样式繁多、大方美观，台悬浮雕精雕细作、惟妙惟肖，整个四合大院宏大气派、雍贵典雅。

项目名称：蓬安县城东新区历史文化墙工程
施工单位：重庆市园林建筑工程（集团）有限公司
项目简介：

墙面长352m、高7.75m，面积约为2800㎡的文化景观墙作为相如文化公园的续建工程，与公园紧密衔接在一起。整个工程分为高边坡加固、景观墙浮雕和人行道铺装3个部分。景观墙用文武少年、大赋惊天、凤凰情缘、当垆卖酒、风雪夷道、梦魂故里六个篇章，全景式展现司马相如的传奇一生，将大型史诗性歌舞剧《相如长歌》搬上了巨型文化景观墙。

项目名称：巫山县滨江公园景观工程
施工单位：重庆市园林建筑工程（集团）有限公司
项目简介：

巫山县滨江公园项目工程（即巫山暮雨公园），是一座集游览观景、休闲娱乐为一体的城市休闲公园。公园建设遵循“自然亲民、休闲娱乐”的理念，运用中国传统园林手法，内建有临江而建的亲水平台，蜿蜒回转的观光廊桥，展现悠久巫文化和独特民俗风情的大型浮雕，曲径通幽的自行车道，古典朴素的休闲服务区，绿树成荫的生态停车场，流水潺潺的叠水区。

项目名称：濯水古镇景观工程
施工单位：重庆市园林建筑工程（集团）有限公司
项目荣誉：“2009-2010中国建筑十大优质样板工程”奖项
项目简介：

濯水古镇具有浓郁的渝东南民族特色，集土家吊脚楼群落、水运码头、商贸集镇于一体，街巷格局保留较为完整。建筑多为木质结构，工艺精湛，造型别致。一千多年来，濯水古镇经历了无数风雨，积淀了巴楚文化、土家文化、大溪文化和华夏文明交织融合的独特文化，给人们留下了无数闪光的智慧和宝贵的文化遗产。

项目名称：重庆市人民政府办公楼园林景观工程
施工单位：重庆建工大野园林景观建设有限公司
施工面积：20000㎡
项目荣誉：2012年度重庆市“茶花杯”优秀园林绿化工程奖
项目简介：

项目位于重庆市渝中区曾家岩市市政府大院内，工程施工面积约20000㎡，硬质铺装8000㎡、绿化面积12000㎡(约占总面积的60%)，栽植乔木3000余株，灌木、地被及草坪面积约10000㎡。

项目名称：重庆湖广会馆环境景观工程

施工单位：重庆致盛建筑园林景观工程有限公司

项目荣誉：2007年度重庆市“茶花杯”优秀园林绿化工程奖

工程面积：18648㎡

项目简介：

会馆古建筑群规模宏大、形制典雅、文蕴丰富、风貌独特，既沿袭了华南、安徽、湖北、湖南及江南一带的典型建筑风格，又结合重庆山地特点，融合巴渝传统建筑风格，体现了人与环境互为依托、“天人合一”的自然观和环境观。体现了亦以持中、面南为贵的“人法自然”的道家精神。在城镇及建筑的选址、规划、构思、设计和施工中，充分结合重庆山地特点，既考虑江河岸线的景观特质，又使建筑依托山水，巧于因借、错落有致，回归自然，丰富文韵。在景观中巧妙采用错层、错位、柱脚下吊，廊台上挑，屋宇重叠，粉墙花窗，小桥流水，古道盘旋，古榕蔽荫、古岩突兀的手法，使传统文化与山水园林交融，独特的山城风貌和鲜明的建筑风格与质朴的民风民俗相互辉映，可谓“前后顾盼景自移，高低俯仰皆成画”，极具山水文化特质，构成一幅幅绚丽的山水城市画卷。

项目名称：天颐茶源临沧茶庄景观工程
施工单位：重庆金点园林股份有限公司
项目简介：

天颐茶源茶庄项目是一个多功能、国际化的项目，其与当地民族特色和茶文化相结合，融度假休闲与保健服务为一体，集合了茶文化展示、传播、茶产品销售、接待、养生度假，同时兼具高规格会议和接待功能的国际养生庄园式会所，全力打造一个符合临沧茶文化产业的示范基地。

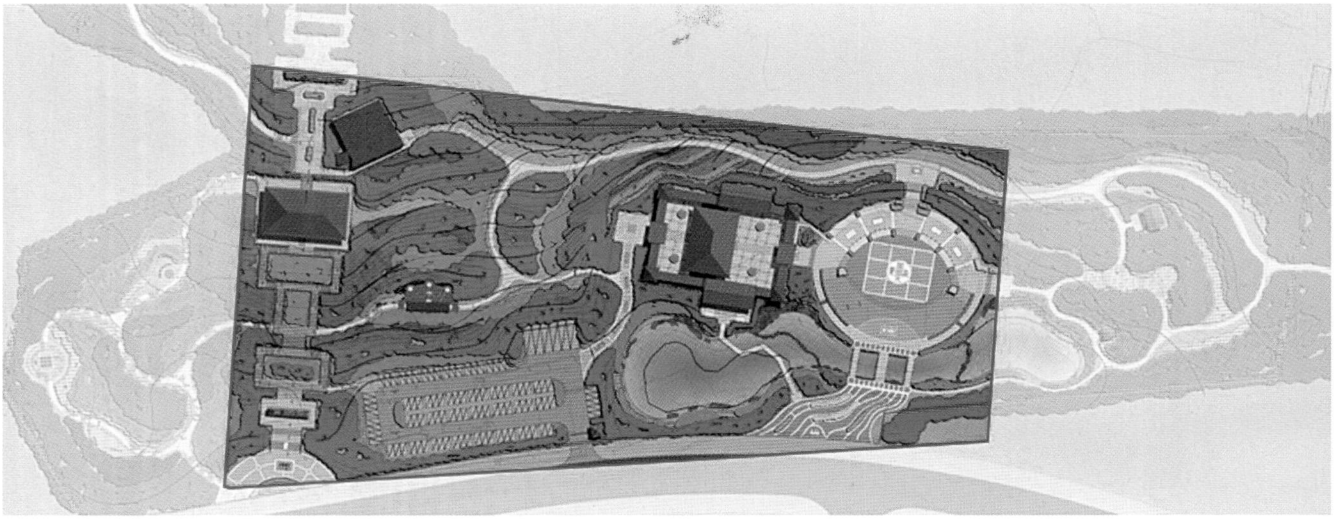

项目名称：重庆市大渡口区生态文化长廊景观工程隋唐段一期
施工单位：重庆三色园林建设有限公司
项目荣誉：2013年度重庆市“茶花杯”优秀园林绿化工程奖
工程面积：33400m²
项目简介：

本工程是一个集休闲、健身为一体的城市郊野公园，主要为坡地建设，从上至下高差为70.35m。工程以唐城、沉香亭、举贤门、琴韵台、对弈台、近墨台、观景平台、仿古栏杆、台阶、塑石、雕塑、浮雕景墙等为亮点，结合现场实际情况，配套台阶、车行道及生态停车场、人行步道、管理房、绿化等，植物配置以高大乔木为主，如：银杏、桂花、广玉兰等，在以乔木为中心点缀灌木或攀缘植物的同时，将高低掩映的植物打造成含蓄莫测的景深幻觉，扩大了公园内的空间感。本工程力图展现了中国的“隋唐历史文化”，为市民提供一个坡地休闲的观光城市阳台（公园）。

项目名称：生产一部（重庆卷烟厂）易地改造环境景观工程
施工单位：重庆开宜园林景观建设有限公司
项目荣誉：2008年度重庆市“茶花杯”优秀园林绿化工程奖
项目简介：

该项目以“聚焦现代经典，展现稳重大气”为设计主题，大气婉约、清新雅致，以人为本，顺应自然，以简洁、大方、便民，美化环境为设计主导思想；体现建筑设计风格为原则，使绿化和建筑相互融合，相辅相成；使环境成为公司文化的延续；体现时代特色和地方特色，充分发挥绿地效益，满足厂区员工的不同要求，坚持“以人为本”，充分体现现代的生态环保型的设计理念；景观设计围绕厂区文化的内涵，营造出“五境”，即品味高雅的文化环境，严谨开放的交流环境，催人奋进的工作环境，舒适宜人的休闲环境，和谐统一的生态环境；整体景观风格与建筑呼应，办公区构图工整，色调明快，公园生态自然，湖面与连绵的草坪交相辉映，更反衬出办公区的简约大气。简洁的空间形式，既符合现代信息快捷、高效的特点，又蕴含了中国传统空间的含蓄、宁静。

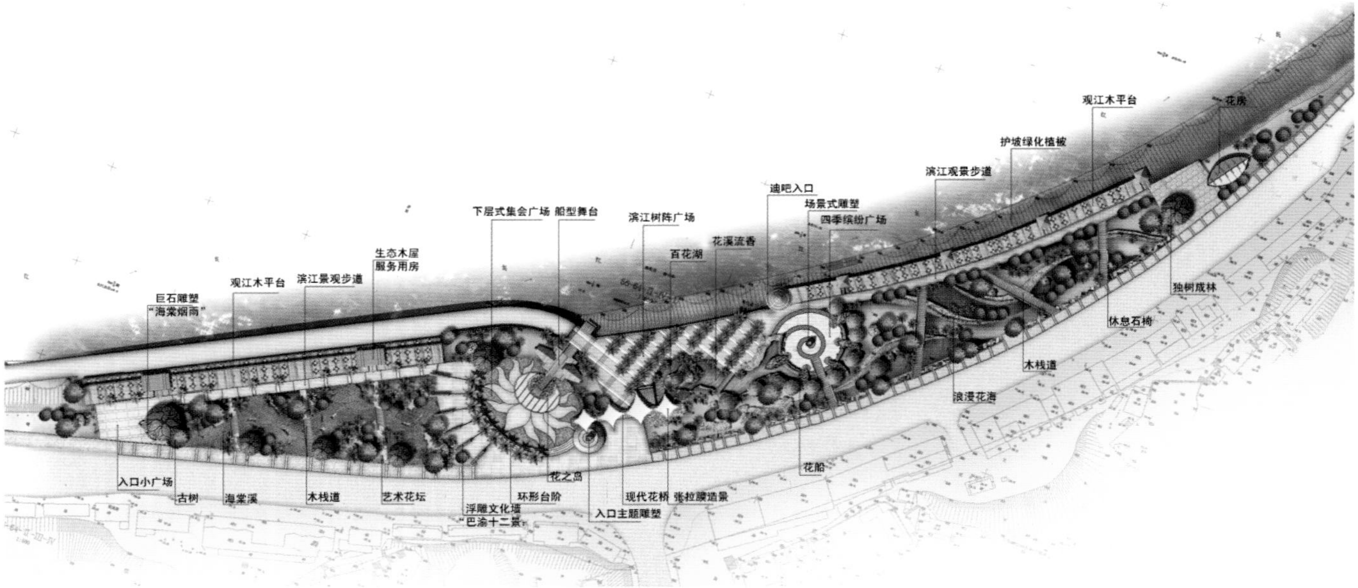

项目名称：重庆南岸滨江海棠烟雨景观工程
施工单位：重庆英才园林景观设计建设（集团）有限公司
项目荣誉：2004年度重庆市“茶花杯”优秀园林绿化工程奖
项目简介：

海棠烟雨公园现址即是“古巴渝十二景之一的海棠烟雨”遗址，海棠烟雨公园也由此得名。建成后的公园是一个开放性的城市文化休闲公园，为市民提供休闲娱乐，观江看景，文化表演等多方面用途的场地。公园占据700m宽的城市中心观江面，是主城区中唯一的临江开放公园，毗邻人气旺盛的南岸滨江路。

海棠烟雨公园的设计以“现代、生态、文化、夜景照明”为主题，设计以整体规划入手，既要协调好周边环境关系,同时要重点处理与长江和南滨路的关系，又要营造出公园内部良好的视觉景观效果，并赋予公园一定的文化内涵和现代风貌，同时特别强调公园的夜景照明效果。

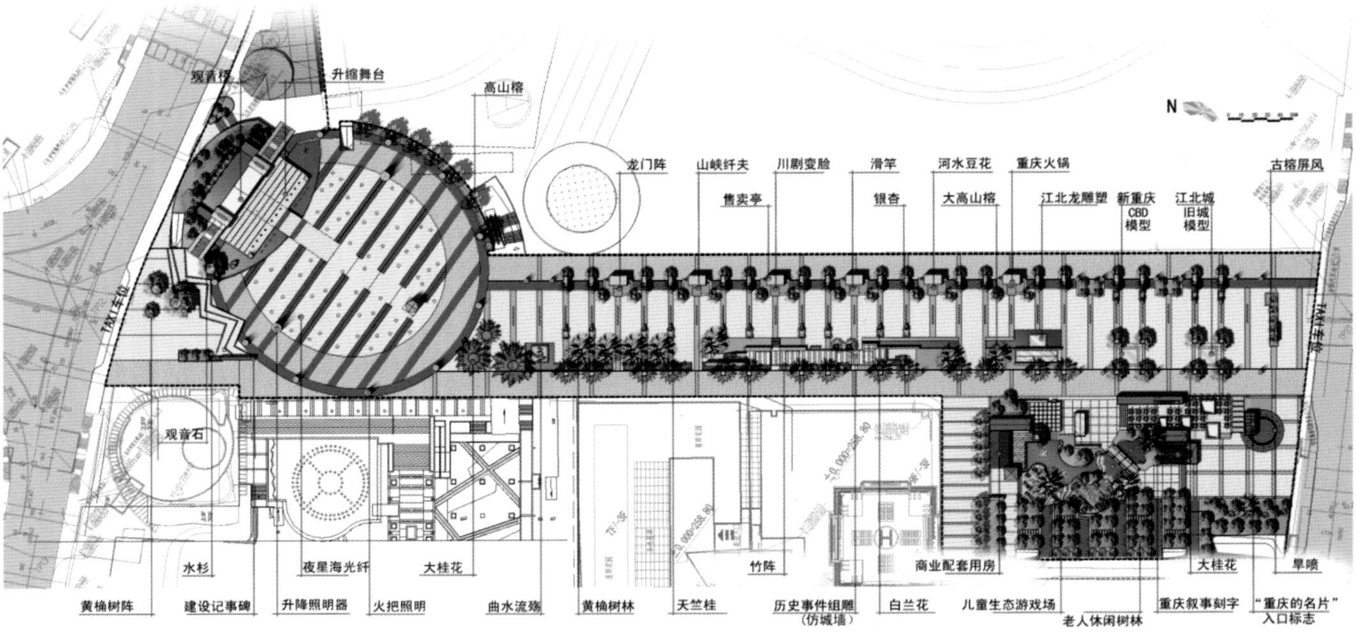

项目名称：嘉陵公园二期步行街、广场景观建设工程
施工单位：重庆华宇园林股份有限公司
项目荣誉：2006年度重庆市“茶花杯”优秀园林绿化工程奖
项目简介：

嘉陵公园二期步行街、广场景观建设工程是观音桥商圈城市景观重要组成部分之一。位于重庆市江北区商圈经济中心，总占地面积约20000㎡，景观绿地面积约6000㎡，其中硬质景观面积为14000㎡，绿地率30%。该工程包括地面硬质铺装、园林景观绿化、建筑景观小品、雕塑、喷泉水体、灯饰照明，是一个融生态、旅游、购物、休闲、健身为一体的城市公共空间，营造了气韵生动的城市意象，形成了独特的景观效果，成为重庆市一大名片，被评为全国优秀商业步行街。

中国著名商业街
觀音橋

项目名称：重庆市长寿区菩提天梯绿化工程B标段
施工单位：重庆市禾丰生态园林有限公司
项目面积：10000㎡
项目简介：

重庆市长寿区菩提天梯绿化工程B标段工程位于长寿区渡舟街道办事处。本工程主要内容包括填种植土、平整场地、栽植乔木、灌木等。

项目名称：长寿湖西岸片区一期基础设施建设工程（外围路一期两旁及大冲水库以上片区景观）
施工单位：重庆长龙园林工程有限公司
项目荣誉：2013年度重庆市“茶花杯”优秀园林绿化工程奖
工程面积：400000㎡
项目简介：

该标段工程有点睛景点三处，分别位于入口段、中段、末端，处处皆可居高临下，一览寿湖风光，是游客逗留休闲观景的最佳位置。沿途右侧有3m宽的沥青混凝土自行车道，逶迤婉转，左侧有1.5m宽的徒步观光道路，曲径通幽。在入口段，东北边设有观景塔，可容纳几十人尽揽山川平湖，东边设有1000㎡的旅游接待中心，西边有占地10000㎡的大型停车场。

项目名称：长寿湖西岸片区二期基础设施改造工程（亲水步道及沿湖公园）
施工单位：重庆三色园林建设有限公司
项目荣誉：2012年度重庆市“茶花杯”优秀园林绿化工程奖
工程面积：380000㎡
项目简介：

该工程位于长寿湖西岸，在建设中充分考虑将公园景观融入湖岸景区内的大背景中，即风景区中的公园景观。其中植物景观是主要内容，以尊重自然风貌、利用植物的习性、保护和强化山体及临湖自然地形和地貌的特征，创造出了“多层次、多类型、四季有景”且充满生态性和景观性的绿化景观。

缘

项目名称：重庆市江北城江州街公共绿地及江州立交绿化工程
施工单位：重庆英才园林景观设计建设(集团)有限公司
项目荣誉：2009年度重庆市“茶花杯”优秀园林绿化工程奖
项目简介：

该项目景观工程是重庆森林公园之一。将能充分展现城市魅力的桥头、市街节点、道路进行重点打造，建成一批具有生态性、开放性、震撼性、景观性特点的城市森林工程示范点。经筛选，江北区江洲街公共绿地及江洲立交景观工程、对山立交、五里店立交、朝天门长江大桥桥头小游园作为首批建设目标，并以道路绿化为骨架衔接，进行整体打造，形成长3km，面积320余亩的绿化景观带，为市民休闲、休憩提供舒适、便利的环境。

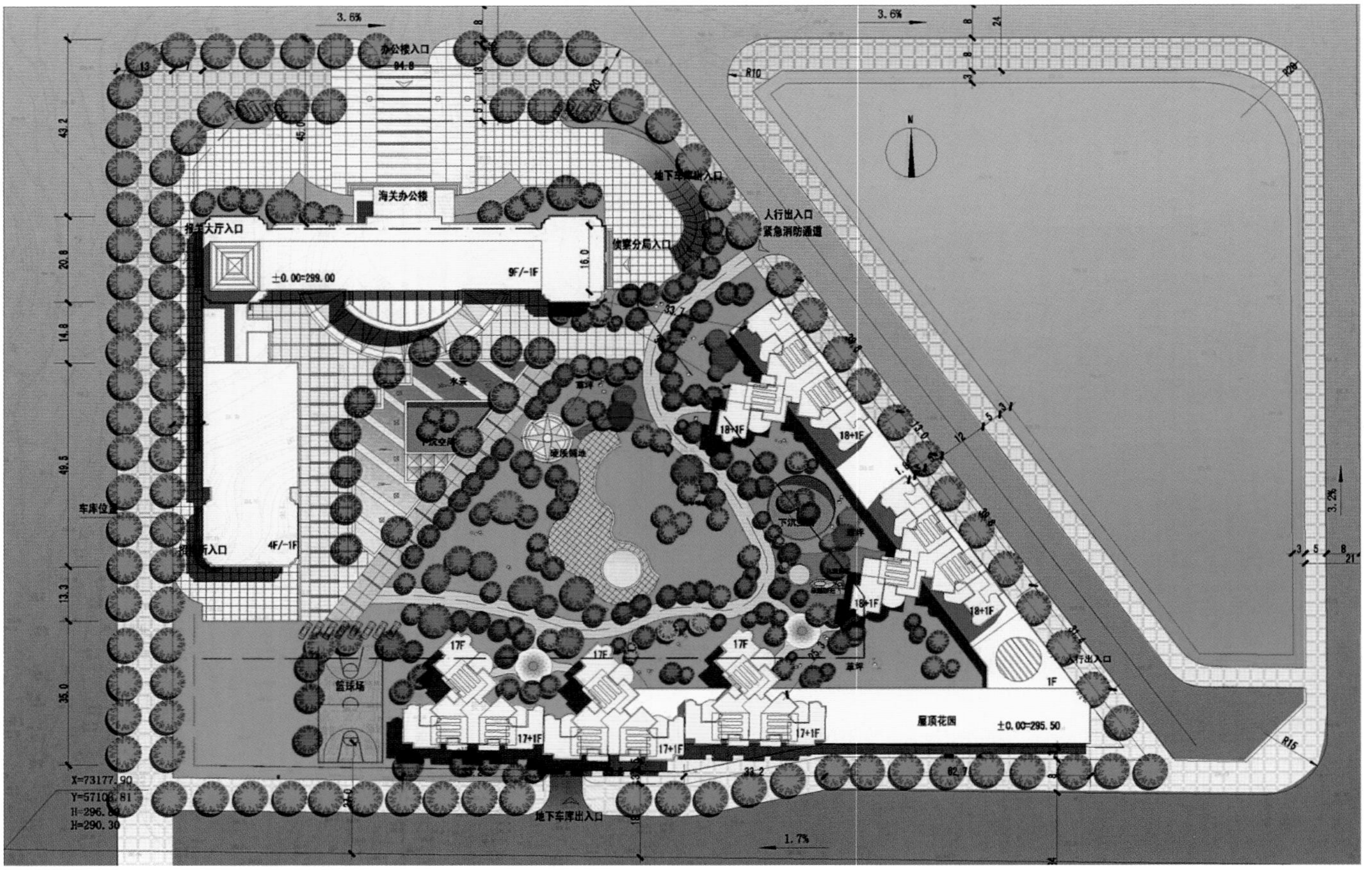

项目名称：重庆海关园林绿化工程

施工单位：重庆市园林工程建设有限公司

项目荣誉：2010年度重庆市“茶花杯”优秀园林绿化工程奖

项目简介：

该小区环境景观设计从“人性关怀”、“人文社会”的角度出发，结合重庆海关的历史文化，以整个小区的中庭和办公楼主入口作为重点，使其与整个大院环境绿化相融合。通过各种园林规划设计语言，做到四季有花、四季有景，创造一个安静、舒适的生活空间，来满足“海关人”的工作和生活需要。因此整个园林设计以绿化造景为主，环境上追求流畅自然，摒弃浮华。绿化设计着重把握植物群落的整体效果及与建筑设施的配合协调。

项目名称：重庆市东水门长江大桥和千厮门嘉陵江大桥景观工程
设计单位：招商局重庆交通科研设计院有限公司
项目简介：

东水门长江大桥和千厮门嘉陵江大桥为梭形塔斜拉梁桥，分列重庆两江交汇口两侧，穿越了两江四岸。柔美现代的桥塔造型和极具张力的主桁斜拉体系充分体现出刚柔相济的桥梁结构美，既象征了“山城”大山一般坚毅不屈的性格，又体现了“江城”长江一样包容万物的胸怀。项目景观设计提出“虹跨两江，桥都印象”的设计理念，桥梁色彩选用国际橙色与银灰色搭配，有较强的视觉冲击，呈现出简约、秀美而又充满现代气息的艺术风格。夜景照明强化了主塔内轮廓，凸显双曲面特色，整座大桥在夜色中熠熠生辉，成为重庆主城江面上最美的桥梁。

项目名称：渝湘大通道景观工程

设计单位：招商局重庆交通科研设计院有限公司

项目荣誉：2013年度重庆市优秀工程勘察设计一等奖，依托该项目完成科研项目《武陵山区高速公路生态修复与景观营造技术研究》获“2013年度重庆市科技进步二等奖”

项目简介：

重庆渝湘大通道（G65重庆段）景观规划设计里程440km，景观设计里程长272.9km，是重庆市开展高速公路景观绿化工程以来所实施的立地条件最差、施工难度最大的一项绿化工程。项目围绕“安全、环保、舒适、和谐”为指导思想，提出了“秀美山水武陵，民族生态之旅”的景观规划设计主题。设计采用生态恢复技术，实现了对环境的最大保护；创新公路景观规划方法和景观营造方法，构建了舒适、利于行车安全的行车环境。全线生态修复率达88.65%，年生态效益达1.85亿元，社会环境效益显著，被评为“重庆最美高速”。

老虎山隧道

项目名称：重庆市北碚缙云大道绿化工程
施工单位：重庆市山地园林建筑工程有限公司
项目面积：约17000㎡
项目简介：

项目位于重庆市北碚区缙云大道，西起区行政中心，东接城北北温泉九号，全长2.88km，双向四车道，32m宽等级道路，其中车行道宽度16m，道路两侧绿化带宽各4m，绿地面积约17000㎡。本次工程范围包括已完成的缙云大道（即原城北金华路），总计3.6km。缙云大道连接城南、城北新区，是位于缙云山麓、视线骤聚的交通要道，是北碚区主要景观大道。

Shui Zhi Yuan The water amusement park
文明行车

项目名称：成渝高速路永川匝道口迁建工程城市绿化景观工程一标段
施工单位：重庆金三维园林市政工程有限公司
项目荣誉：2012年度重庆市“茶花杯”优秀园林绿化工程奖
项目简介：

本方案位于新城区瓦子铺处，北临东岳河桥，南至城市职业学院岔口，东西连接高速公路。本次设计范围是规划建设中的永川高速公路入口及兴龙大道，匝道口用地面积约100000m^2，地形微伏，景观可塑性好。绿化设计以植物造景，配植采用大体量、大效果手法，充分利用高大乔木景观，形成多层次、具有热带景观的生态景观群落。

设计充分结合永川丰富的自然资源和深厚的文化底蕴，运用多种景观元素和设计手法，分层次体现山清水秀、人杰地灵、福缘深厚的“森林城市”特色和永川人民勤劳、热情和富有创造力的精神特质，为打造生态的森林绿洲感觉，塑造美丽富饶的永川城市面貌，营造良好舒心的行车环境，奠定了扎实的基础。

项目名称：四川国际网球中心园林景观工程
施工单位：重庆市园林建筑工程（集团）有限公司
项目简介：

四川国际网球中心坐落于成都双流新城区运动休闲生态公园的核心区域，占地250000㎡。园区环境优美，被风景秀丽的龙江湖环抱，掩映在200000㎡的绿色植物园中。园内网球、高尔夫、游泳等健身休闲项目众多，是成都市民家门口的一座健身休闲天然氧吧。

它是西南地区最大的网球中心，继北京、上海、南京之后，中国第四个能承办国际ATP赛事的网球中心。2009年承办ATP冠军巡回赛之一的成都公开赛，是继北京承办中国网球公开赛、上海承办大师杯之后，国内的第三项世界顶级网球赛事。

LANDSCAPE

别墅景观

1	观景平台	
2	景观灯柱	
3	花岗石条	
4	岗亭	
5	层级跌水	
6	水中步道	
7	流水景墙	
8	别墅区入口	
9	绿意休闲广场	
10	大草坡	
11	雕塑	
12	平墅区入口	
13	休闲树阵	
14	宅间休闲草坪	
15	休闲树阵	
16	疏林草坪	
17	散步道	
18	宅间花园	
19	层级挡墙	
20	流水景墙	
21	景点树	
22	岗亭	
23	吐水雕塑	
24	大门	
25	车库入口	
26	观景散步道	

项目名称：远洋国际高尔夫联排平墅示范区景观工程

施工单位：天域生态园林股份有限公司

项目荣誉：2010年度重庆市“茶花杯”优秀园林绿化工程奖

项目简介：

该项目位于重庆市巴南区龙洲湾街道道角街，占地面积15700㎡。其景观设计的基础理念源于“回归”的概念，回归大自然、回归乡村田园、回归家，它带领人们远离嘈杂的城市，带来一种清新自然的新景观。

该项目追求的是一种新古典主义景观的现代化诠释。无边际的水池、景观大台阶、跃级水景、浪漫的草花、水中的剪影流露出宁静、优雅的气息。简洁的材质应用，细节的拼贴处理，景观呼应于建筑。

流水景墙	层级跌水	水中步道	道路	水中步道	观景平台

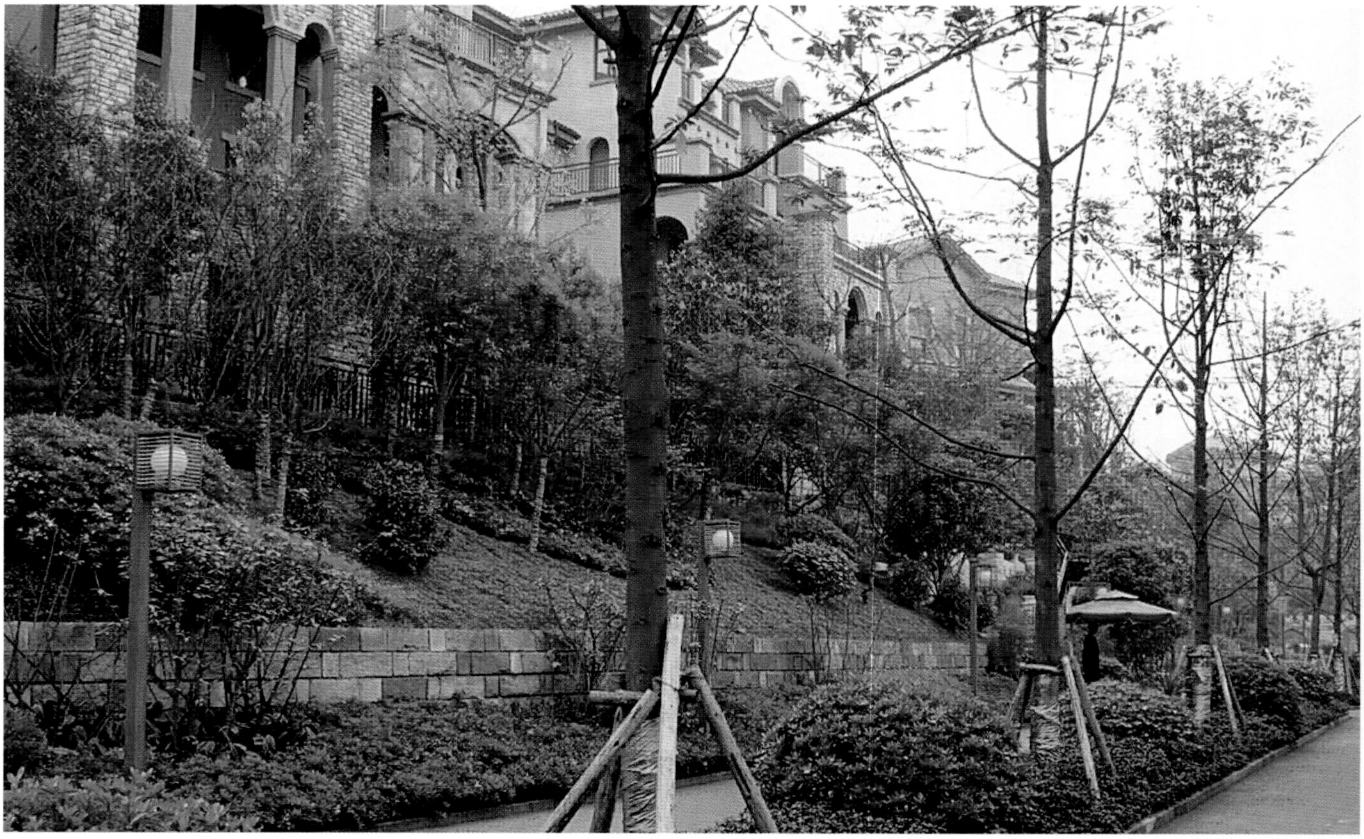

项目名称：中安·翡翠谷后期二组团园林景观工程
施工单位：重庆本勋园林绿化工程有限公司
项目荣誉：2010年度重庆市“茶花杯”优秀园林绿化工程奖
项目简介：

该项目环山抱水、山水相依，两者相拥互补、相得益彰，“层层叠叠的感受”的设计理念，将小区中庭划分为多个大小不同层次变化的空间组合。这里似乎没有了城市的喧嚣，远离工作的烦恼，人们在这里可走可停，可上可下，可观可听，可赏可思，可嗅可触，丰富的景观空间带来“半亩之地、一日之游”的生动景致。

独栋样板区

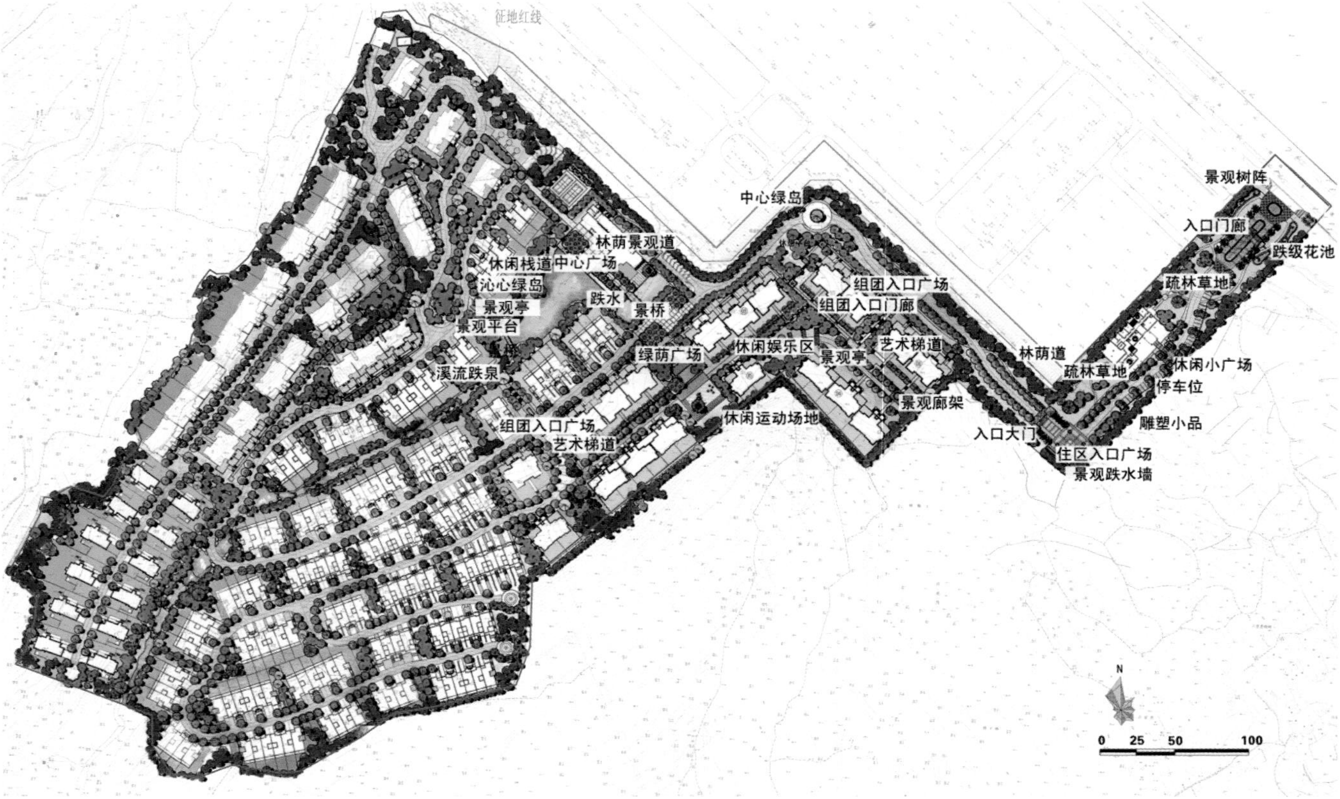

项目名称：建宇·雍山郡小区示范区景观工程

施工单位：重庆英才园林景观设计建设（集团）有限公司

项目荣誉：2011年度重庆市“茶花杯”优秀园林绿化工程奖

项目简介：

建宇雍山郡项目位于重庆市江津区。项目规划总用地169600m²，总建筑面积147300m²。物业形态包括独栋、联排、叠拼别墅以及7层和8+1层洋房，建筑设计为西班牙风格。

用地东北方向与城市道路相连，通过约240m长、50m宽的公共绿化用地进入小区居住用地，连接城市道路一端高程约219.0m，另一端高程约226.0m。小区居住用地为南、北两侧坡地围合形成自然溪流，高程约251.0-224.0m。北侧坡地最大高程288.0-265.0m，南侧坡地最大高程278.0-254.0m。

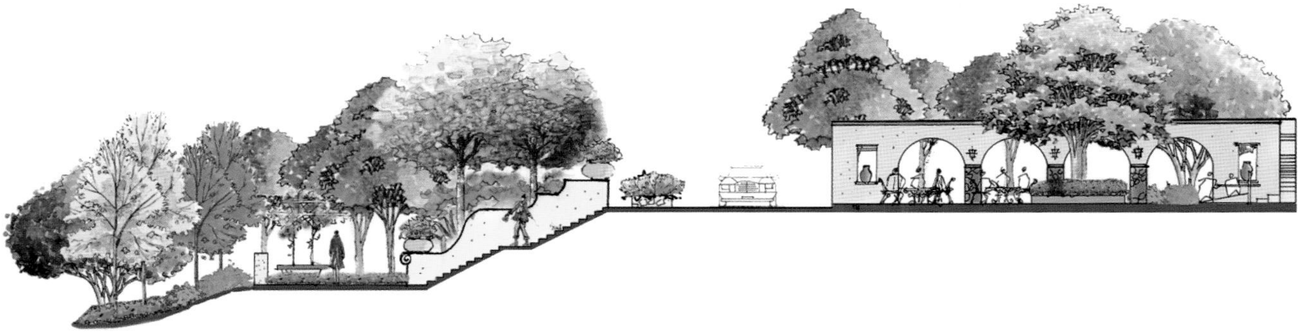

组团入口景墙正立面

项目名称：东海·定南山项目示范区景观工程

施工单位：重庆欧泽园林景观工程设计有限公司

项目荣誉：2013年度重庆市“茶花杯”优秀园林绿化工程奖

项目简介：

东海·定南山项目示范区景观工程，位于巴南区炒油场，该工程包括景观大道绿化工程、售楼部示范区景观工程及样板房周边景观工程三大部分，面积约32000㎡，其中栽植乔木1175株，花灌木6878㎡；球类1562株，草坪等绿化18000㎡；园林建筑及辅助设施：入口岗亭2座，主水景2座，无边际泳池1座，观赏小水景14座；园林小品：塑石假山1处，观赏孤石2处等，共同营造出庭院简约、幽静、沉稳的景观效果。

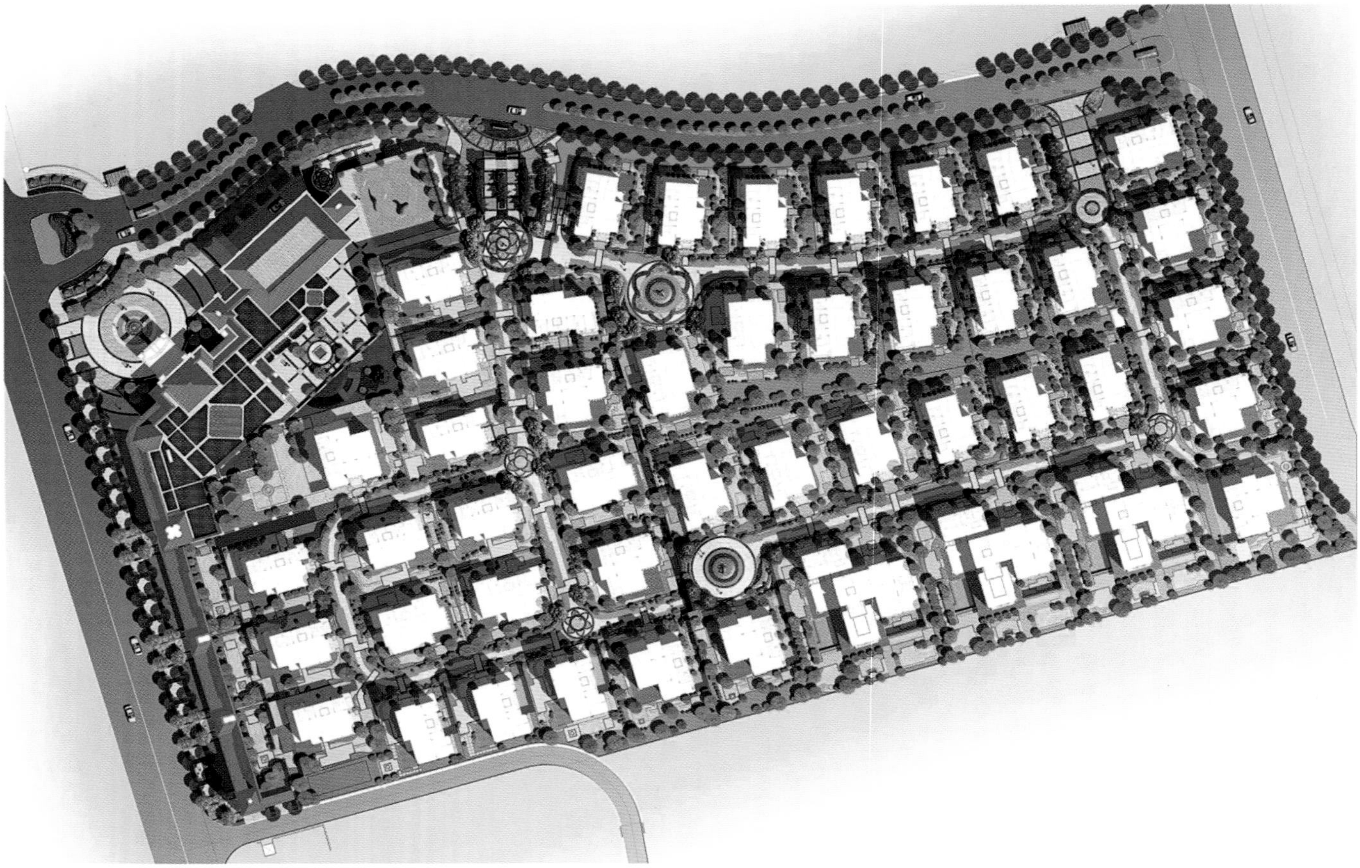

项目名称：中渝·御府别墅A区景观工程
施工单位：重庆宏兴园林工程有限公司
项目荣誉：2012年度重庆市“茶花杯”优秀园林绿化工程奖
项目简介：

本项目强调软景景观与硬景景观的统一打造，在重视植物软景层次与硬景细节处理的同时，配以喷泉、雕塑等景观小品，竭力打造高品质住宅小区景观。

软景景观部分：主要包括乔木、灌木、草坪的栽植与配置，着力体现高端住宅景观特色。同时，兼具欧式整体园林风貌。为使景观效果具备内地独有的景观风格，在建设过程中，充分发掘全国大型植物资源——银杏、朴树、榕树、桂花、蓝花楹、栾树、香樟等，将高档植物作为软景景观基调，同时配以相应的情趣特色小植物，使园林景观更具多样性和观赏性。

硬景景观部分：主要包括路面硬质铺装、喷水池、景墙以及景观小品等，为配合高品质独栋别墅小区的要求，在建设过程中，充分注重质量、注重细节、注重特色，满足各方面功能需求，同时还点缀丰富的景观元素，如人物雕塑、地面浮雕、镂空石灯等，以体现浪漫的艺术气息。

项目名称：和记黄埔人和商住区项目别墅景观工程（比华利豪园）
施工单位：重庆正红园林景观设计工程有限公司
施工面积：41000㎡
项目荣誉：2004年度重庆市“茶花杯”优秀园林绿化工程奖
项目简介：

本项目突出植物造景，以绿色生态为特色，景观空间收放自如。整个园林景观特色契合建筑设计理念，打造欧陆风情独栋花园别墅区，在同类型的别墅区中绿化比例较最大，建成效果较好。景观细部元素精致丰富，“雕花”“廊柱”“描金”无一不彰显别墅区的尊贵与华丽。溪水蜿蜒，小径通幽，乔灌木层次分明，草坪郁郁葱葱，无处不在的精致景观展现出一幅富有生活情趣的画卷。

项目名称：龙湖 • 嘉天下园林景观工程
施工单位：重庆金点园林股份有限公司
施工面积：14000㎡
项目简介：

该项目位于晋江池店泉安北路与九十九溪交界处。涵盖业态：双拼别墅、联排别墅、平层别邸、高端商业、景观商务于一体。在生态宜居的池店南，营造晋江的滨水慢生活带。一城繁华，尽揽于此。以泉安北路和机场做中轴，将与原有滨水带、绿化带构成“一轴两带”的城市格局。一条是纵贯晋江城市南北的大通道，一条是拉近晋江与世界距离的出港要道。

项目名称：海尔山庄景观工程
施工单位：重庆金点园林股份有限公司
施工面积：21000㎡
项目简介：

海尔山庄是重庆金点园林在山东建造的经典作品，位于青岛崂山区。 前面是黄海仰口湾、背面是著名的海上第一名——崂山。山上时常云雾缭绕，风景怡人。在漫山的花岗岩上堆土造型、开凿水池、垒砌景石，打造了山水景观。

道法自然

项目名称：万科·惠斯勒景观工程
施工单位：重庆金点园林股份有限公司
项目荣誉：万科集团北京区域园林品质奖
施工面积：35000㎡
项目简介：

设计风格采用加拿大滑雪胜地惠斯勒风格，强调人与自然的融合，结合东北民族风情和地域气候以及其他特色，打造人与自然和谐的国际景观社区。同时注重城市、生态、文化和人四者的和谐关系，既与沈阳市的棋盘山发展文脉、自然条件、气候物种有机结合，又使景观设计与项目文脉吻合，竭力将北美自然、舒适、悠闲的生活理念带到棋盘山，力求还原质朴、浪漫、自然的北美小镇生活氛围，让山地小镇、运动生活、山林野趣在此社区得到体现。

图例 LEGEND

01	社区主入口	Community Main Entrance
02	组院别墅	Court Yard Villa
03	城市规划绿廊	Planned Corridor
04	联排别墅	Town House
05	欧洲小镇	European Resort Village
06	独立别墅	Dettached Villas
07	自定制别墅	DIY Villas
08	大户豪宅	High End Villas
09	楼王别墅	King Villas
10	球场正式会所	Golf Course Clubhouse
11	球场临时会所	Golf Temporary Clubhouse
12	湖滨会所	Lakeside Clubhouse
13	山景会所	Hilltop Clubhouse
14	体育中心	Sports Center
15	小学	School
16	花园洋房	Garden Apartments
17	物业管理	Admintrative Center
18	防护绿带	Setback Green Belt
19	城市二环路	Express Way
20	海蓝云天湖	Hailan Yuntian Lake

项目名称：上邦国际社区E组团样板区景观工程
施工单位：重庆中源园林工程有限公司
项目荣誉：2011年度重庆市“茶花杯”优秀园林绿化工程奖
项目简介：

该项目位于九龙坡区金凤镇上邦国际社区，系独栋别墅景观项目。样板区工程面积14000㎡，主要由景观大道、公共观赏水景、私家庭院景观等构成，属于意大利托斯卡纳风格园林景观工程。该项目因地制宜，随势生机，对原有地形进行合理的改造和布局，适当平整土地，使地形富于变化，并利用地形组织空间和控制视线，通过与其他园林要素的配合，形成一个自然丰富、优美的空间景域，满足人们观赏休息及进行各种活动的需求。注重植物品种搭配、彩叶树种选择、植物层次感营造和地形造坡等方面都独具特色。在硬景景观上追求手工工艺带来的质感美和线条美，以此诠释和延伸托斯卡纳风格。

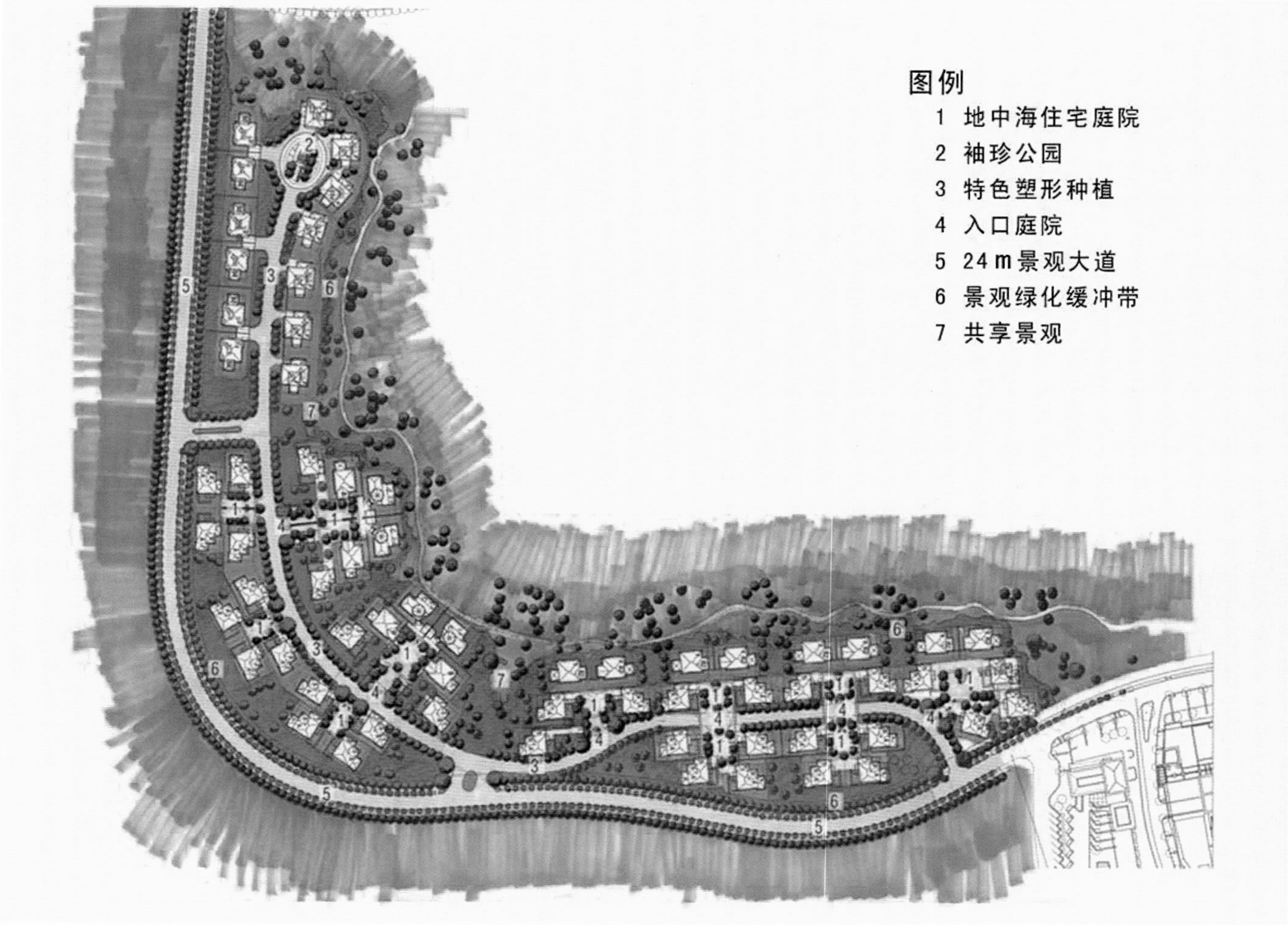

项目名称：上邦国际社区一期B1组团及欧洲小镇景观工程
施工单位：重庆人和园林工程有限公司
项目荣誉：2009年度重庆市“茶花杯”优秀园林绿化工程奖
项目简介：

重庆上邦国际社区B1组团环境景观面积约为30000m^2，小区环境优美，自然资源得天独厚，拥有多项稀缺要素，目前是重庆地区唯一超大规模的高尔夫别墅社区。

社区以自然、休闲的欧式地中海风格为主题，本次绿化设计结合社区原有的地形地貌，使绿化和建筑做到简洁、大方、便民。力求美化环境，体现别墅的建筑设计风格。

项目名称：茶园新城区K标准分区10、12组团园林景观绿化工程

施工单位：重庆市园林建筑工程（集团）有限公司

项目荣誉：2001年度全国新世纪人居经典住宅规划环境金质奖，2013年度重庆市“茶花杯”优秀园林绿化工程奖，2004年度重庆市优秀规划设计项目三等奖

项目简介：

本项目位于南山下，周边为高尔夫球场，建筑形式为独栋联排别墅配以庭院园林风情的优质景观社区。法式乡村、英式乡村、意大利乡村和西班牙乡村四种风格的纯正独栋别墅，和谐地排列于柏翠庄的组团之中。柏翠庄三面皆临高尔夫球场，背靠南山，东临碧波荡漾的湖泊。由于整个地块地势较高，视野非常开阔，可俯瞰整个9洞球场。既享受球场之开阔，又享受森林之静谧。

在保持自然风格前提下，依山就势进行地形整治，营造出舒适、自然、浪漫的乡村田园风情。公共花园疏林草地风格与别墅庭院风格形成鲜明对比，整体景观形象以植物造景为主，大乔木使用较多，均采用全冠栽植树形优美，各种植物生长茂盛，错落有致，颜色搭配合理且注重季节变化。溪流弯曲且水面宽窄富于变化，动静结合。园林建筑小品及公共服务设施配置得体。

LANDSCAPE

洋房景观

项目名称：重庆美茵河谷小区景观工程

施工单位：重庆英才园林景观设计建设（集团）有限公司

项目荣誉：2005年度重庆市“茶花杯”优秀园林绿化工程奖

项目简介：

美茵河谷系重庆中城联置业发展有限公司倾心打造的精品项目。天骄·美茵河谷位于石桥铺高庙科技新区，地处沙坪坝、石桥铺、二郎新城三区交会处的制高点，可远眺连绵起伏的中梁山、歌乐山，视野开阔，空气清新，环境优美。地理位置得天独厚，占尽三地优势。美茵河谷占地1000亩，地块呈缓坡地形，其中包括了400亩的美茵运动休闲公园（含60亩的天然湖泊），约60亩的居住用地，总建筑面积60万㎡。景观以法兰克福的美茵茨堡作为美茵河谷的蓝本，全力打造一个极富德国乡村风情的镇居生活。

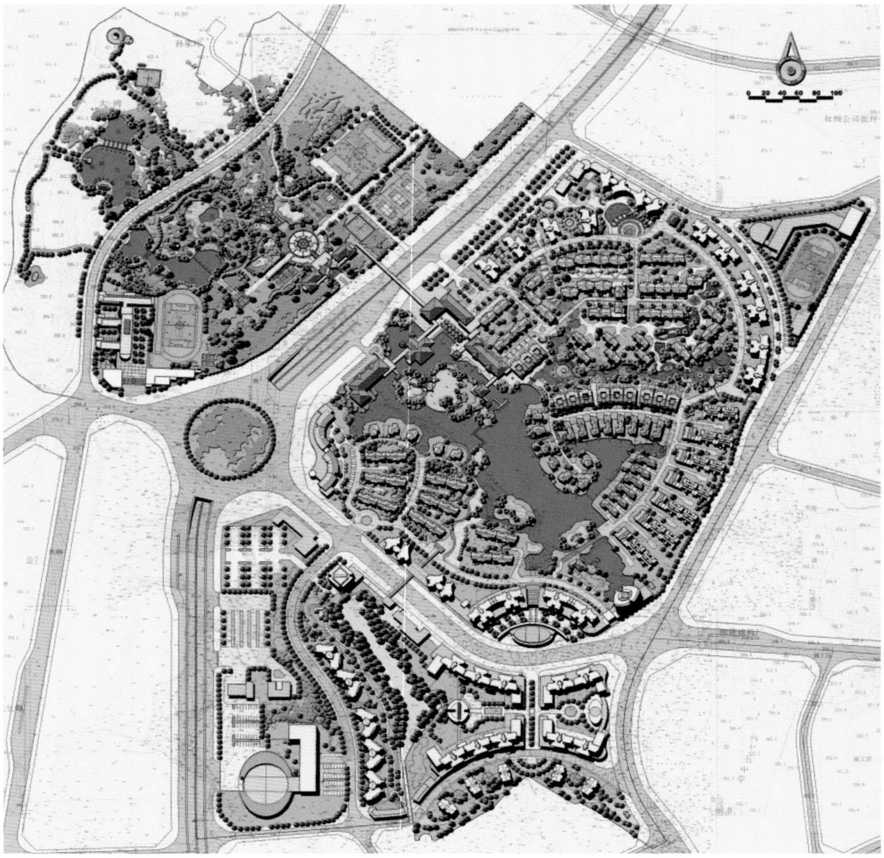

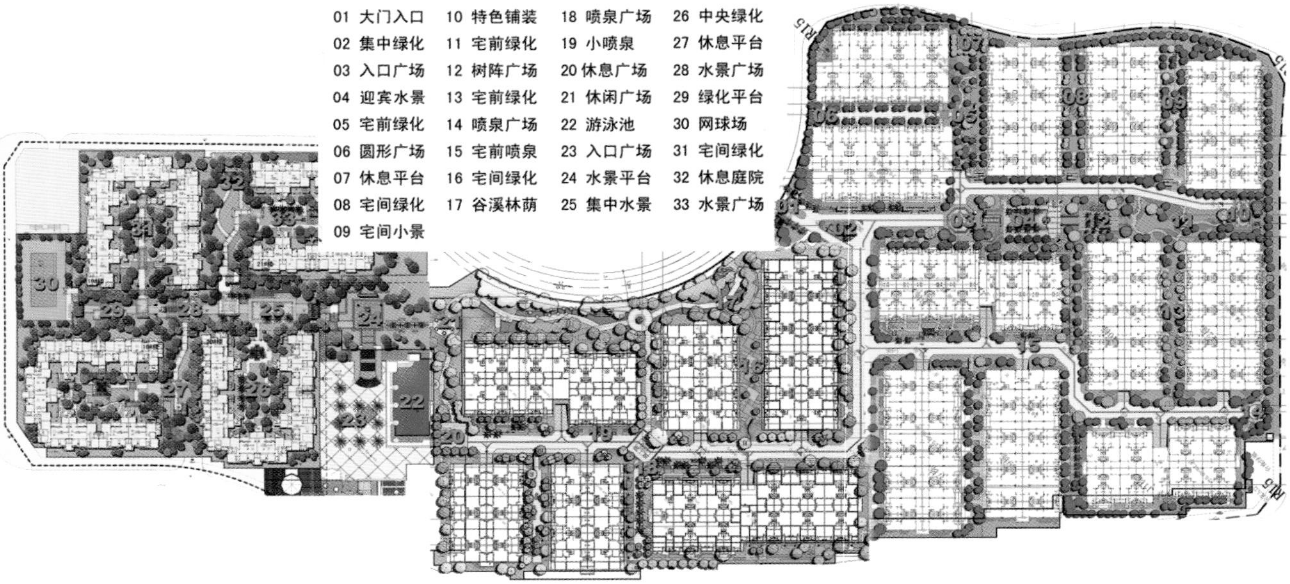

01	大门入口	10	特色铺装	18	喷泉广场	26	中央绿化
02	集中绿化	11	宅前绿化	19	小喷泉	27	休息平台
03	入口广场	12	树阵广场	20	休息广场	28	水景广场
04	迎宾水景	13	宅前绿化	21	休闲广场	29	绿化平台
05	宅前绿化	14	喷泉广场	22	游泳池	30	网球场
06	圆形广场	15	宅前喷泉	23	入口广场	31	宅间绿化
07	休息平台	16	宅间绿化	24	水景平台	32	休息庭院
08	宅间绿化	17	谷溪林荫	25	集中水景	33	水景广场
09	宅间小景						

项目名称：重庆协信·TOWN城景观工程

施工单位：重庆英才园林景观设计建设（集团）有限公司

项目荣誉：2007年度重庆市“茶花杯”优秀园林绿化工程奖

项目简介：

顺应21世纪城市住宅小区的发展趋势，协信·TOWN城景观工程规划布局合理，生态环境优美，配套和服务设施齐全，是具有一定超前性和导向性，是具有较高的舒适性、安全性、经济性和地域特色的健康型住宅小区。

在环境景观设计上，坚持生态优先，环境至上的原则。把多种西班牙风格和元素有机地融合在其中，主题突出，丰富而不杂乱。

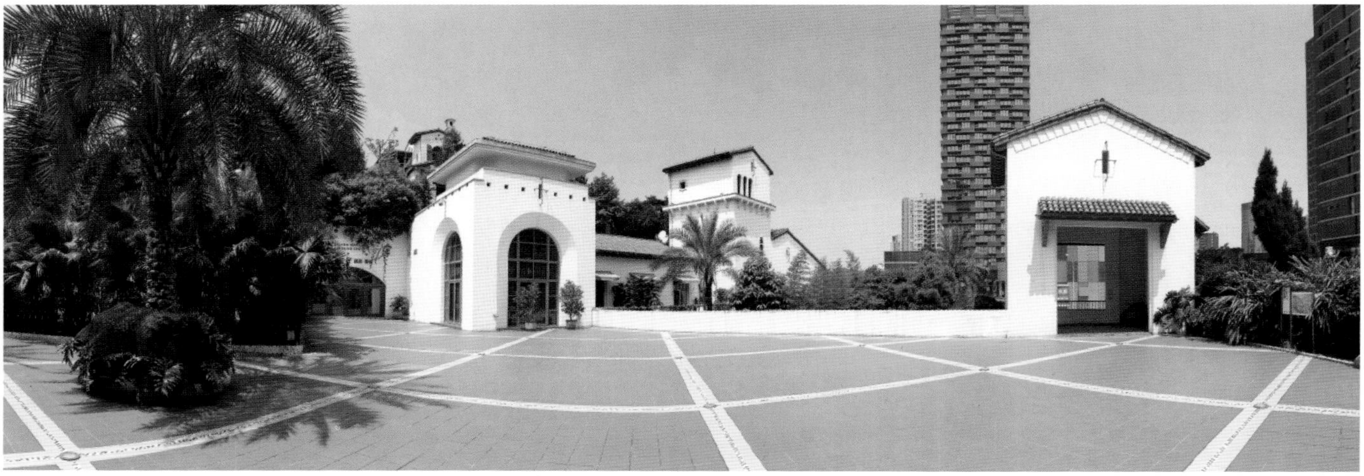

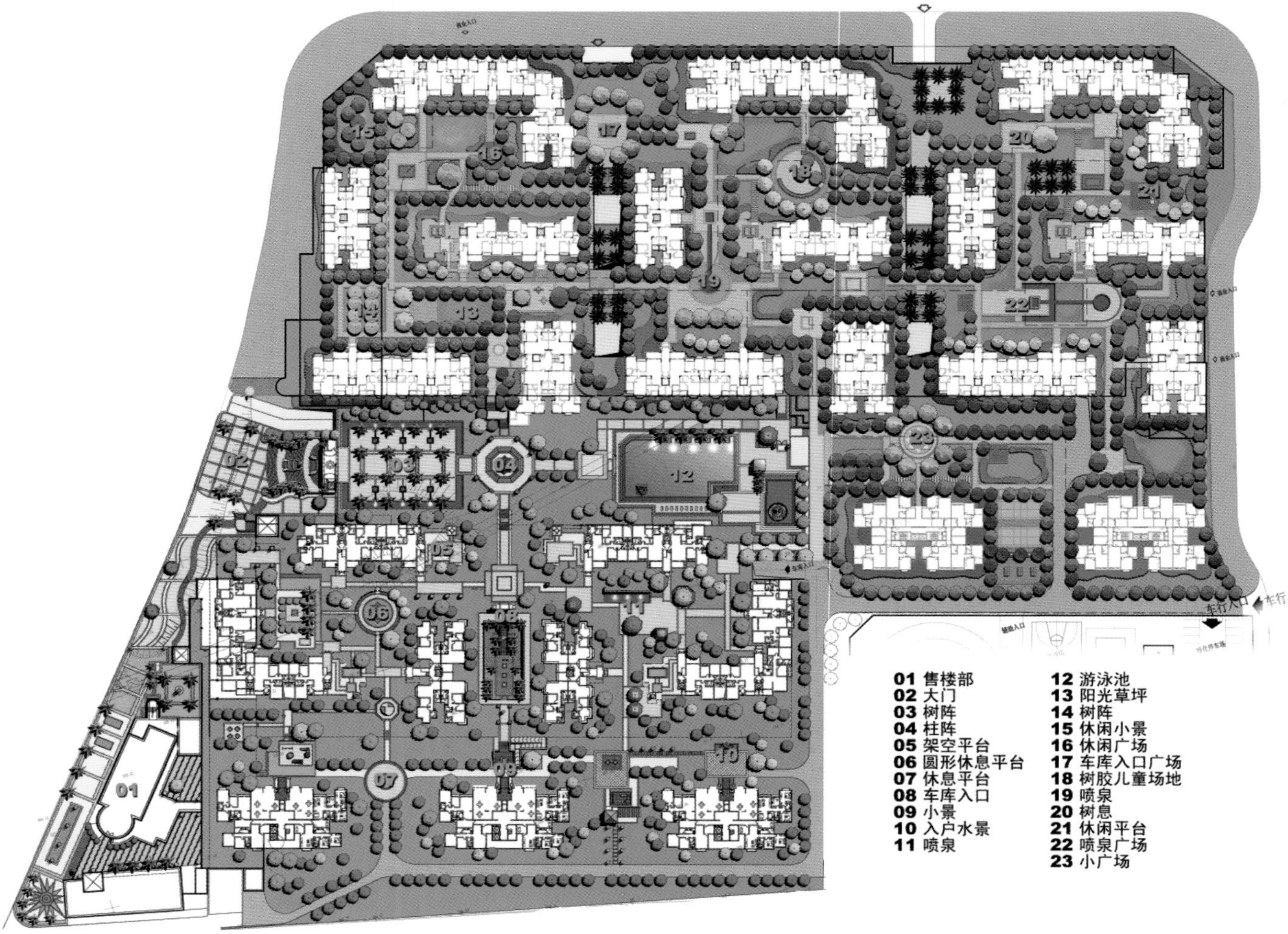

项目名称：骏逸蓝山小区景观工程

施工单位：重庆英才园林景观设计建设（集团）有限公司

项目荣誉：2008年度重庆市“茶花杯”优秀园林绿化工程奖

项目简介：

项目占地面积80000㎡，建筑面积220000㎡，总户数约为1400户，绿化率35%。项目创新性地采用了地中海院落小洋楼的设计，通过地中海情调的建筑和院落人居意境结合，营造出5个风情院落。

项目景观风格独特，约10000㎡的地中海情调内庭，由雕塑、小品、绿化、水景共同营造出浓郁的地中海风情；5个院落庭园，经由建筑局部底层架空向外渐次渗透，呈现出情景交融的景观特点。

N

项目名称：融侨城二期B区景观工程
施工单位：重庆艾特蓝德园林建设（集团）有限公司
项目荣誉：2013年度重庆市“茶花杯”优秀园林绿化工程奖
项目简介：

硬景部分：包括场地土基整治、压实、环境铺装、观景平台、景墙、沙坑、岗亭、园林道路及园林小品等内容。

安装部分：包括水电管线、设备、灯具的安装及调试、绿地给排水设备安装、配电箱的安装等内容。

软景部分：包括种植土回填、种植场地造形、整治种植部分施工前准备（含种植材料）、种植前土壤处理、苗木运输、种植、栽培、修剪、保养及保活等内容。

项目名称：旭辉·尚北郡一期景观工程（样板区以外范围）
施工单位：重庆兴宏园林景观绿化工程有限公司
项目荣誉：2012年度重庆市“茶花杯”优秀园林绿化工程奖
项目简介：

紧邻700亩原生态宝圣湖畔，打造集花园洋房、酒店式公寓、特色风情商业街、星级酒店为一体的高档综合区项目。

景观特色：该项目以原汁原味的地中海风情为理念，从里到外、从低到高、从浅草到灌木，再到大乔木，严格按照房地产最高景观标准——五重景观体系，营造出纯粹的托斯卡纳风情社区。绿化软景中包含喷泉、花架、小品、钢、木制作、景观小品等内容。

项目名称：璧山金科·中央公园城
施工单位：重庆市华景绿化有限公司
项目规模：28000㎡
项目简介：

该工程总用地面积约28000㎡。地处重庆市璧山县璧城组团，绿岛新区核心中段，南面紧临璧山风景区秀湖公园，用地呈长方形。

重庆市华景绿化有限公司高度重视，挑选精兵强将严格施工管理。一丝不苟搞好隐蔽工程，金雕细琢抓好面层工程。同时，注意地形处理，强调植物种植。终于打造出美轮美奂的具特色的景观工程。

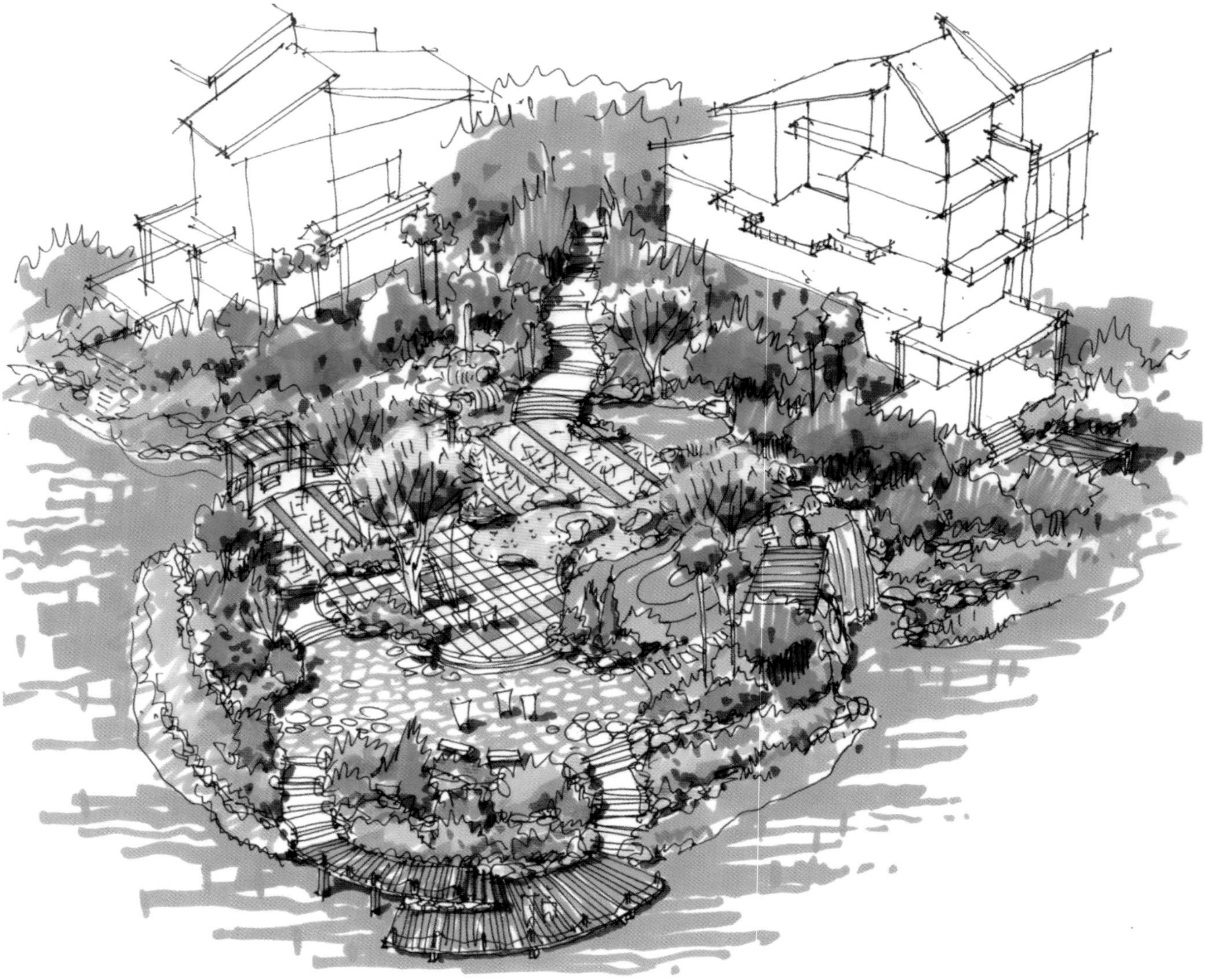

项目名称：重庆水天花园B3-2区绿化景观工程
施工单位：广厦重庆园林艺术工程有限公司
项目荣誉：2008年度重庆市“茶花杯”优秀园林绿化工程奖
项目简介：

本项目始建于2007年10月，竣工于2008年6月。

工程内容：别墅区入口平台，道路铺装，廊架，湖滨步道，私家亲水平台，木栅栏，公用休息平台。公园式“鹭岛休闲区”，特色木栅栏，沙滩，廊桥，自然式驳岸溪流，大型自然景观石，特色树池，涌泉，自动喷淋，特色自然花坛，景观庭院灯，草坪灯，水下灯，射灯等景观照明系统及天然景石和小品相搭配，植物丰富，四季花景随见。

项目名称：金科·天籁城
施工单位：重庆大地园林设计工程股份有限公司
项目简介：

该项目致力于主打成熟居住区的“品质、优雅、高端、成熟”概念，以及成熟社区的闲适从容、高端、成熟的品质生活。以花卉苗木的色彩层次烘托出居住环境的温馨，用绿色植物的簇拥体现园林景观的别致。用“一步有一景，步步各不同”的创意营造出别具特色的园林情致，让景观的博大内涵同环境完美地结合起来，身处其间会感到远离闹市的喧嚣，回归自然与居家的淡雅生活。

LOOSETIME

项目名称：高山流水一期主水系景观工程
施工单位：重庆格林绿化设计建设股份有限公司
项目简介：

高山流水一期主水系总长约1000m，水体面积约20000㎡，是建筑间的景观带，整个景观运用高差、多种多样的层次处理方式，结合岸边的植物处理，形成具现代感、自然和谐的景观带。此项目的实施，为水系两边的房屋带来了良好的景观效果，也为开发商创造了良好的经济效益。

项目名称：欧鹏·中央公园景观工程
施工单位：重庆格林绿化设计建设股份有限公司
项目简介：

本项目是一个集高尚住宅、特色商业、湖滨公园和优质教育为一体的超大型复合型住区。其主要景观以售楼部主入口打造，以四个水景为中轴线延伸，水景造型极具特色，水景与水景之间由不同铺装样式的园路连接，各种珍奇乔灌木穿插其中，形成几个既相互依存又独立存在的封闭空间，努力构筑潼南城市生态公园集群。

项目名称：协信·天骄名城一期非示范区景观绿化工程
施工单位：重庆格林绿化设计建设股份有限公司
项目简介：

“四季有花香”为标准，针对春夏秋冬四个季节栽培不同品种的开花植被、四季景观，移步换景。

项目名称：重庆金叶都市美邻示范区景观工程
施工单位：重庆格林绿化设计建设股份有限公司
项目简介：

重庆金叶都市美邻项目集五重景观园林中庭、风情商业街、观景长廊于一体，是一个低密度山水园林综合体。

项目名称：融汇半岛景观工程
施工单位：重庆格林绿化设计建设股份有限公司
项目简介：

融汇半岛景观工程项目将水景、地形等进行合理梳理，结合植物处理，形成具现代感、自然和谐的景观带。为业主提供一个自然生态且不缺乏人文关怀的居住环境。

项目名称：铜梁普罗旺斯东岸洋房区、高层区园林景观工程
施工单位：重庆格林绿化设计建设股份有限公司
项目简介：

整个景观区由入口形象区、商业活动区、中庭景观区、宅间景观区、休闲运动区、儿童游乐区6大景观板块组成。花园洋房和高层有机结合，通过错落围合的空间手法，预留出最大面积的中心绿地，在植物搭配上精挑细选碧桃、香樟、桂花、国槐、南天竹、樱花等多种植物，营造出一种远离城市喧嚣的自然舒缓的地中海生活乐园。

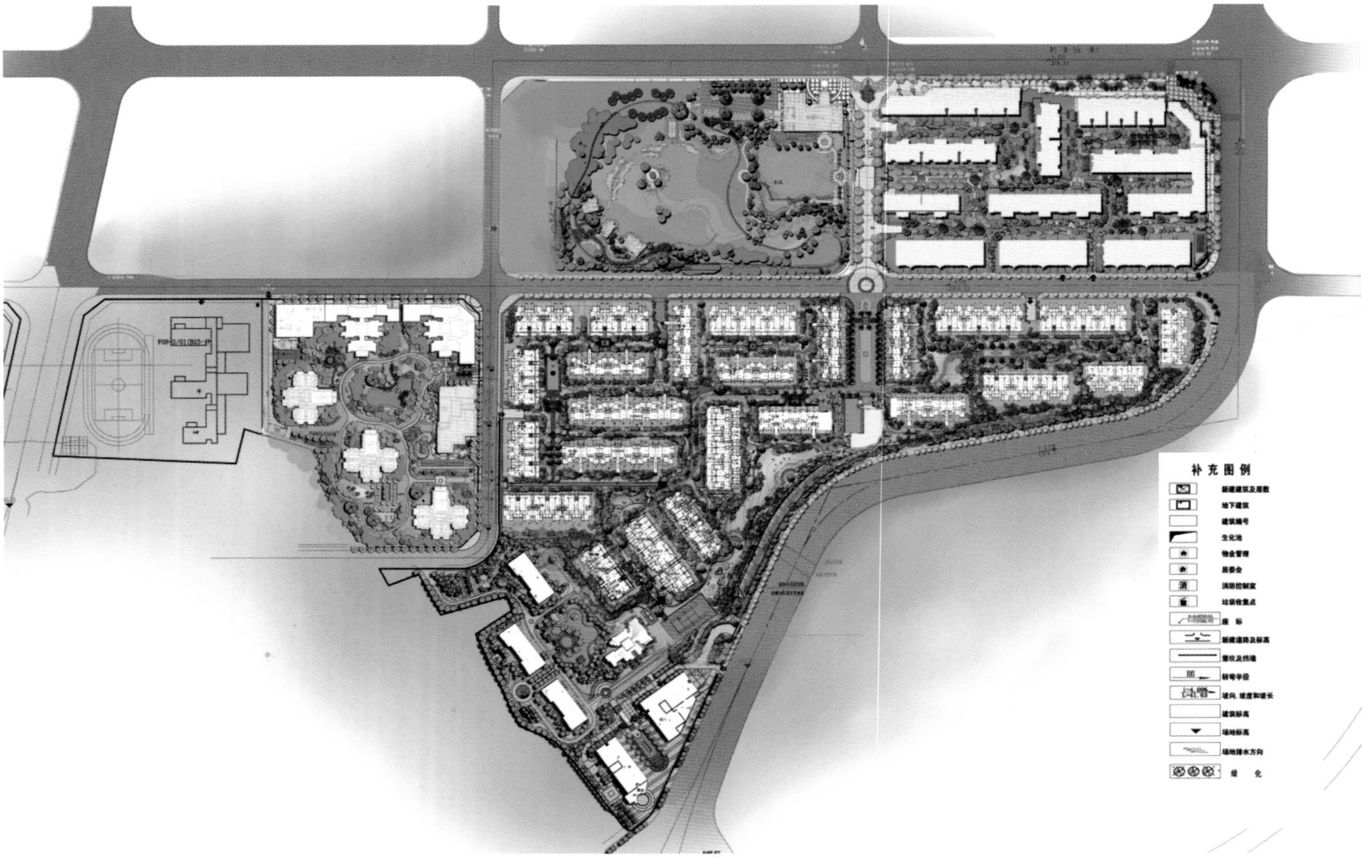

项目名称：华港·翡翠城一期园林绿化景观工程

施工单位：重庆九禾园林规划设计建设（集团）有限公司

项目荣誉：2013年度重庆市“茶花杯”优秀园林绿化工程奖

项目简介：

以“回家的路”为切入点，对项目内外路径区分重点、细致梳理。外部车行道采用手打面花岗石铺砌，减慢车速增强安全性。内部依据组团场地高差，由不同主题、形式、尺度、功能的步道结合形成慢行系统。同时从人文关怀的视角出发，在高差较大的山地条件下，实现内部道路系统全程无障碍。

为了让业主从进入住区开始到家门都有不同的风景体验，依据整个空间结构、尺度在道路上合理布局停留或参与性的节点，疏林草地、清溪花境、庭院幽路等不同的主题路段让人在回家路上得到不同的视觉、嗅觉及心理体验，感受静谧、和谐的邻里空间。

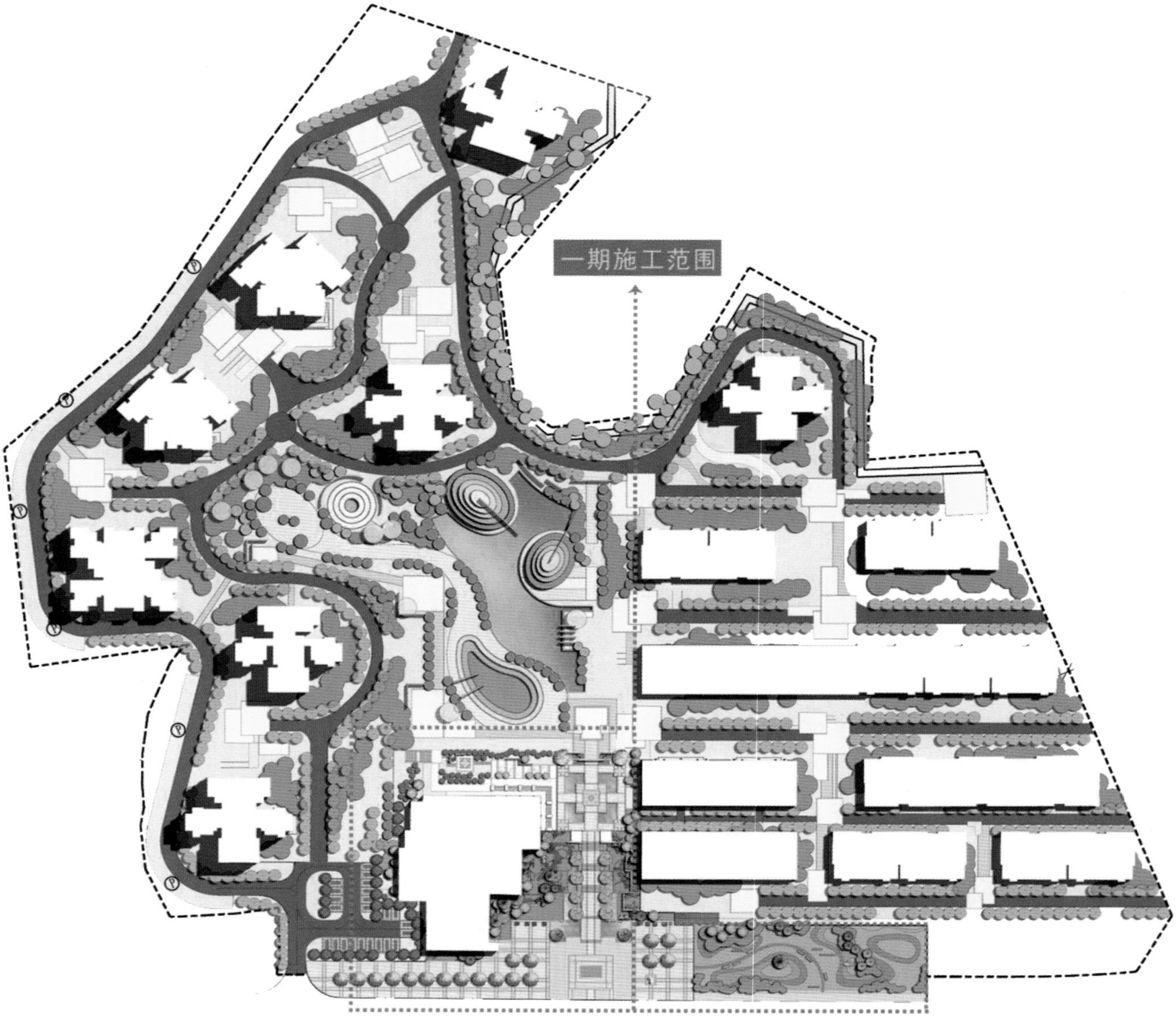

项目名称：大足香山美地一期景观工程

施工单位：重庆宏兴园林工程有限公司

项目荣誉：2011年度重庆市“茶花杯”优秀园林绿化工程奖

项目简介：

香山美地项目建筑设计为简约新中式风格，以淡雅的黑白灰为主色调。在尊重建筑整体风格的同时，大胆采用多种暖色调材质，大量运用装饰细节，一改传统新中式景观清冷单调的特点，在表达中国传统意境的同时，也让环境增添更多喜庆热烈的氛围。

香山美地一期总占地面积14500㎡，涵盖植物绿化、道路铺装、叠级水体、室外停车场、特色景墙、灯具小品等相关园林景观施工内容。

项目名称：重庆首金·美利山环境景观工程
施工单位：重庆金点园林股份有限公司
项目荣誉：2009年度重庆市“茶花杯”优秀园林绿化工程奖
　　　　　2012年度景观设计方案金奖和“园冶杯”住宅景观设计金奖
　　　　　2012年度“园冶杯”住宅景观工程银奖
项目简介：

重庆首金·美利山环境景观工程，地处重庆市渝北区经开大道翠渝路55号，项目面积130000㎡，属住宅区环境景观绿化。特点是顺应地形建成圆形休闲广场，以原始山地地形高差建成山谷瀑布跌水，以假山塑石为背景，形成跌水高差达28m的景观。一座拾级而上的景观梯道，地面采用高档整打锈石黄花岗石砌筑梯步，远望似一条长龙蹒跚而上。溪流采用钢筋混凝土结构筑成，整条溪流长度达到220m。分跌地点共有6处，每处跌流景观处理各具特色，彰显出天然生态效果。溪流边读读晨报、听听溪流的声音，让人心旷神怡。傍晚在入口广场坐坐，看看日落，听听宏伟的瀑布跌水声，由于地形高差较大，塑造出原始森林别墅的美景，犹如置身于森林之中。

项目名称：绍兴柯桥龙湖原著园林景观工程
施工单位：重庆金点园林股份有限公司
项目面积：22000㎡
项目简介：

从大小坂湖的原生资源出发，将传统宅地风水观融入设计中，回归东方仪式经典；皇家坡形大屋顶，宽阔长檐，三岸五院的别墅院落之美。

渝景十年

项目名称：荣禾·曲池东岸一期园林景观工程
施工单位：重庆金点园林股份有限公司
项目面积：19000㎡
项目简介：

曲池东岸是重庆金点园林献给西安人民的一幅美丽画卷。位于西安市寒窑路以南，曲江池南路以北、以西，是以集中了曲江池文化、曲江寒窑文化及风景为一体的娱乐、休闲、居住胜境。建筑设计主要以欧式风格为主，结合中式典雅、古朴风格，体现了现代人类所追求的、理想的生活居住环境。

项目名称：龙湖·江与城6-7地块B组团

施工单位：重庆英才园林景观设计建设（集团）有限公司

项目荣誉：2013年度重庆市“茶花杯”优秀园林绿化工程奖

项目简介：

江与城熙溪地总体规划原则是要通过道路使各组团建筑之间各自成区又相互联系，让建筑、景观与自然和谐共生。结合龙湖江与城熙溪的实际情况，消防等高线占据了大部分组团花园空间，模式融入到项目的规划布局中。以北入口水体为中心，同时根据地形形成若干台地，所有建筑向心布置、收放有序，形成层次分明的规划布局。整个小区闹中取静，不受干扰，为住户提供舒适、宁静、优美的居住环境。

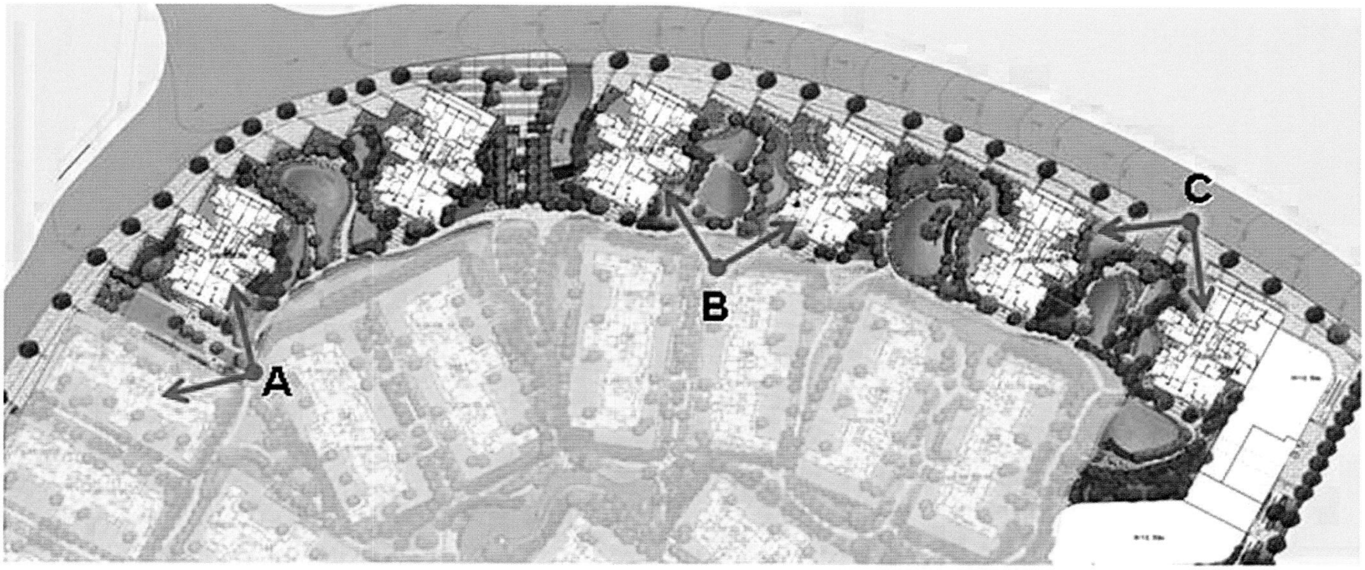
A
B
C

LANDSCAPE

高层景观

项目名称：浩立·半岛康城园林绿化景观工程

施工单位：重庆艾特蓝德园林建设（集团）有限公司

项目荣誉：2001年度全国新世纪人居经典住宅规划环境金质奖，2010年度重庆市“茶花杯”优秀园林绿化工程奖，2004年度重庆市优秀规划设计项目三等奖

项目简介：

因地制宜，创建优美小区环境。该小区景观设计以“绿化生态、水景、休闲”为主题，让生活融入自然的绿色生态设计精神，以人为本，天人合一，尊重人、尊重自然，实现人、自然、社会的和谐交融，充分体现出生态综合平衡。 树种丰富，四季花卉常开 。该小区各种树木特色突出，品种齐全，造型美观，植物群体结构良好。各类乔、灌木及色叶植物丰富，季节变化明显，具有很强的立体层次感和观赏价值。地被植物十分丰满，无明显的裸露土地，绿化覆盖效果良好，整体效果体现了丰富的文化内涵。生态景观、效果显著。漫步小区，已随处可见绿树成荫、花繁叶茂的景象。

项目名称：爱加丽都二期1-4号楼硬景、软景工程

施工单位：重庆艾特蓝德园林建设（集团）有限公司

项目荣誉：2001年全国新世纪人居经典住宅规划环境金质奖，2012年度重庆市“茶花杯”优秀园林绿化工程奖, 2004年重庆市优秀规划设计项目三等奖

项目简介：

硬景部分：包括场地土基整治、滤水层及基层土回填、环境铺装、水体构造、水体装饰、水体安装、景观挡墙、园林道路、羽毛球场、凉亭及值班室和甲方临时增加的内容等。

软景部分：包括种植土回填、种植场地选形、整治、种植部分的施工准备、土壤处理、种植穴槽的挖掘、苗木运输、苗木种植前的修剪、灌木，草坪的栽植、修剪、保养、保活等全部工作内容。

安装部分：水体、绿地、景观的水电安装及调试等。

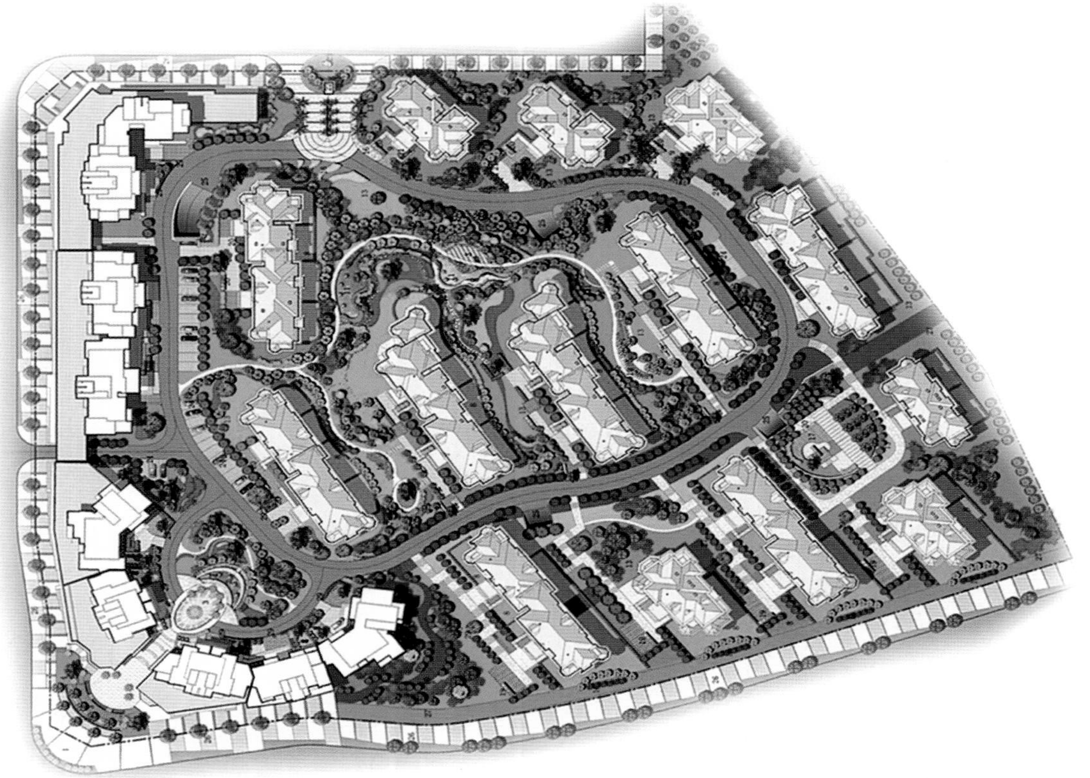

项目名称：天江鼎城雅园园林景观工程B段

施工单位：重庆人和园林工程有限公司

项目荣誉：2007年度重庆市“茶花杯”优秀园林绿化工程奖

项目规模：约23000m^2

项目简介：

该项目景观设计以都市乡村为主题，小区地形北高南低，落差30m。在设计时利用原生地貌，整理形成一个连绵起伏的地貌景观。以中心轴线为基础，形成近、中、远景层次分明的景观透视效果，同时在设计中突出其亲和性、连贯性、功能性，用带状绿化带将景观点串联成一个整体。该设计充分发挥植物对居住小区气候改善作用，既增强了小区的绿化效果，又增加了邻里之间的和谐。

该工程内容包括整个区域的人行道、花台、周边花池、入户景观、生态停车场、溪流、木平台、木栈道等硬质景观；廊架、座凳、景观花钵、儿童游乐设施、景石等景观小品点缀；景观灯饰、喷泉等给排水系统安装；以及园林绿化的种植土回填、造型、植物栽植、养护等。

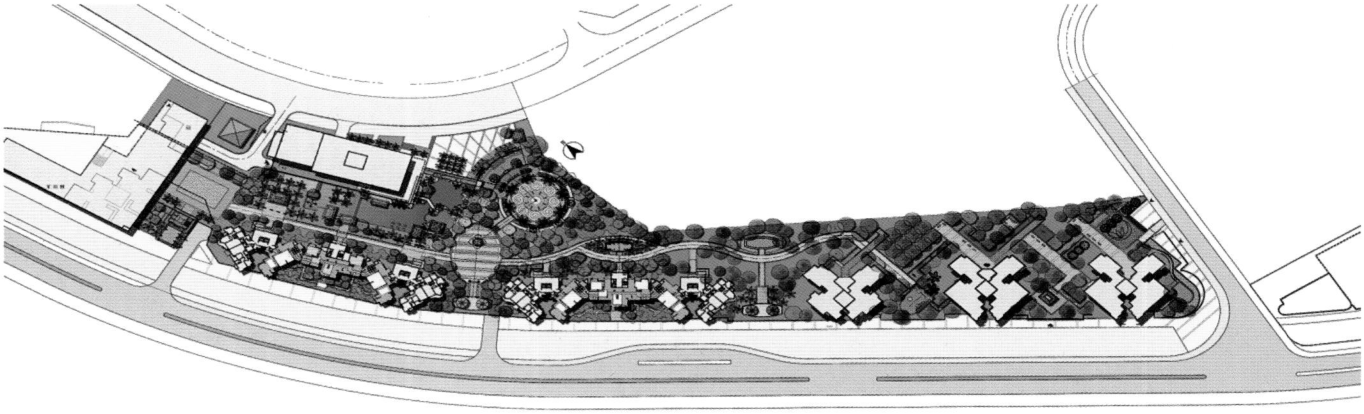

项目名称：骏逸天下花园小区景观工程
施工单位：重庆英才园林景观设计建设（集团）有限公司
项目荣誉：2006年度重庆市“茶花杯”优秀园林绿化工程奖
项目规模：40000m²
项目简介：

骏逸天下位于重庆南岸区丹龙路，是典型的重庆山地高层小区景观，现代简约风格。景观区域中，布置了中心游泳池、运动健身区、儿童游戏区、休闲广场等，是重庆高品质小区中“大中庭景观”的代表。在竖向设计中，景观和建筑密切结合（尤其体现在台地景观与地下车库之间），运用了台地广场、叠水流瀑、缓坡绿地、立体交通等多种设计手法，将山地景观特色极为丰富地展现出来。在植物配置中，以重庆本地树种为主，又适当点缀了热带树种，同时对不同标高的屋顶绿化做了多种探索尝试，既增加了绿化的立体效果，又保证了绿化的长期生长和建筑的结构安全。

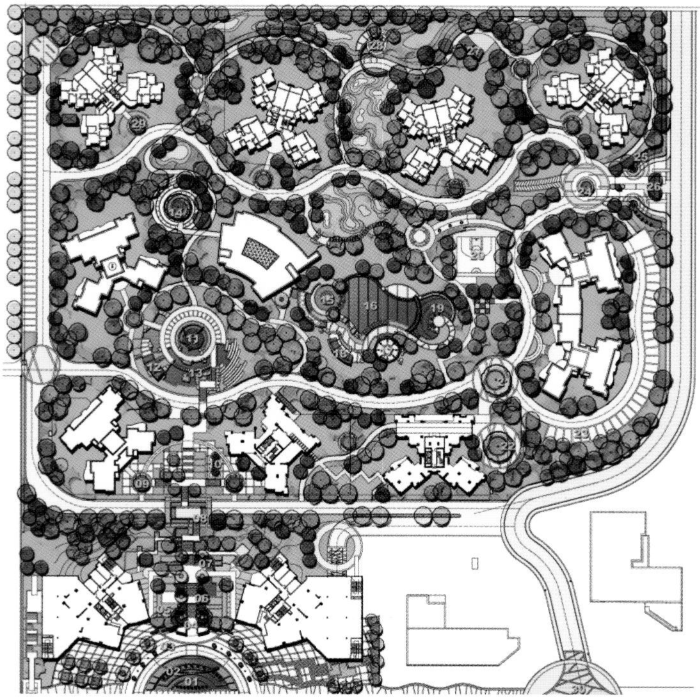

01 入口特色水景
02 艺术景墙
03 迎宾花盆
04 入口大门
05 叠级花池
06 水中树池
07 黄龙叠水
08 特色灯笼
09 大树池
10 观赏坐椅树池
11 中心大型叠水水景
12 休闲廊架
13 特色水景
14 趣味绿化园地
15 泡泉池
16 游泳区
17 中心观景亭
18 休闲廊架
19 浅水池
20 篮球场
21 圆形广场
22 消防回车场
23 室外停车场
24 入口圆形广场
25 迎宾水景
26 迎宾花卉
27 休闲廊架
28 雕塑广场
29 入口组景
30 车辆入口广场

项目名称：爱加丽都一期样板区域园林景观工程
施工单位：重庆人和园林工程有限公司
项目荣誉：2008年度重庆市“茶花杯”优秀园林绿化工程奖
项目规模：15000㎡
项目简介：

爱加丽都位于重庆市北部新城板块，金开大道中心区，紧邻著名的重庆市汽车博览中心和北部新区经开园管委会，距解放碑19km，轻轨3号线经停，是目前主城区内地段稀缺的大规模社区。

爱加丽都——“意大利风情小镇”，总占地面积约120370㎡，总建筑面积120000㎡左右，绿化率35%。恬美自然的托斯卡纳，最原始的生态生活。中世纪的古老小镇恬静悠闲，聆听菩提树上杜鹃的叫声，沿上山步道散步，大树浓荫、郁郁葱葱，春夏秋冬，四季皆成风景。植被形成的“自然绿肺”，天然调节气候环境，冬暖夏凉。

项目名称：綦江普惠·尚城名都环境景观工程
施工单位：重庆开宜园林景观建设有限公司
项目荣誉：2009年度重庆市“茶花杯”优秀园林绿化工程奖
项目规模：40906m^2
项目简介：

该景观工程强调运用现代手法营造回归自然的生态景观。景观形态以“林”和“溪”为主题，以高大乔木为绿色背景，将色叶香花与乔灌木分层搭配，打造出满目尽绿又绚丽多彩的景观效果。而“溪”更是整个景观的灵魂所在，无论是轻盈涌动的泉、大势磅礴的瀑布还是浮光掠影的池，各种形态的水独立成景又交相呼应。整个水系既整体又连贯地把各个景观节点自然地串连起来，以形成“连珠”式的景观体系。生态“林”和生机的“溪”使得建筑空间和景观构建有机融合，相得益彰，通过景观营造使建筑、环境和人三者和谐统一。

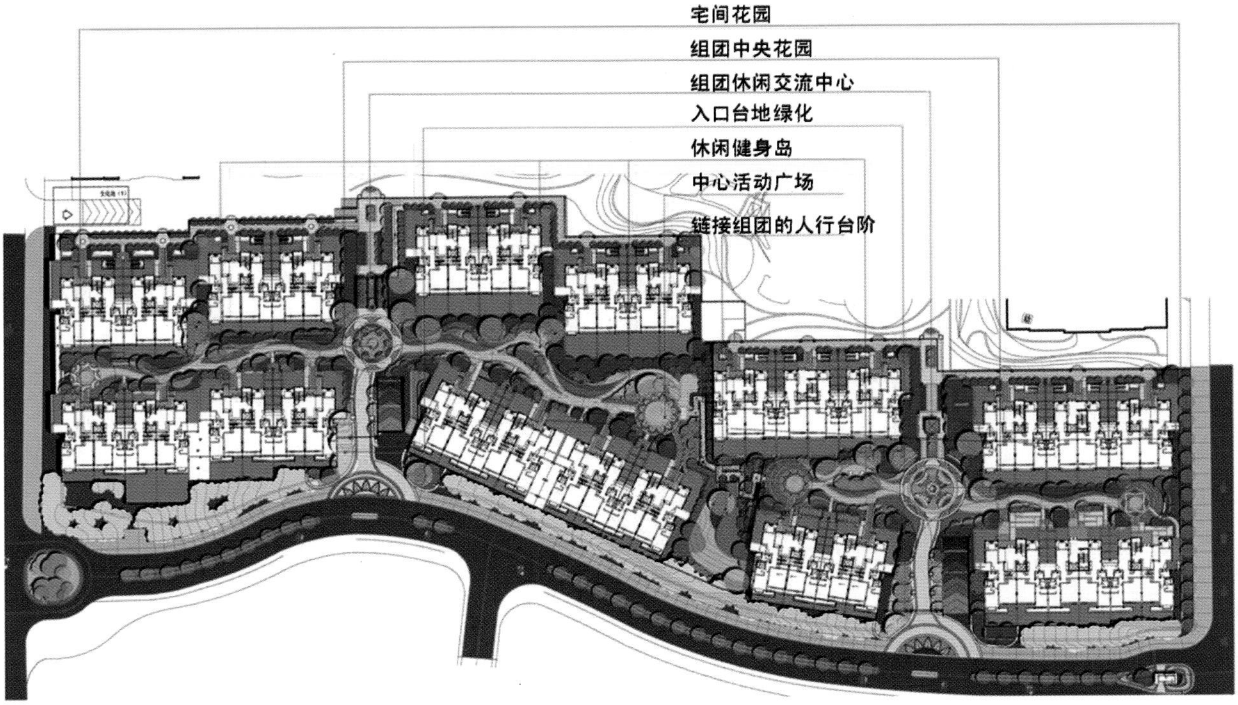

项目名称：中渝国宾城C区二期高层一标段景观工程

施工单位：天域生态园林股份有限公司

项目荣誉：2013年度重庆市“茶花杯”优秀园林绿化工程奖

项目规模：15600㎡

项目简介：

项目以欧式新古典主义风格为主题，展现“融情于景，情景交融”之美。游泳池彰显的是亚热带风光，主要色调以蓝色为主，周边铺装采用澳大利亚砂岩板，游泳池平台采用八个树池作为休闲坐凳，树池里面种植八棵热带植物中东蜜枣，游泳池的地砖采用马赛克拼接而成，形成一幅水中画，给人以岸中有树、水中映景的视觉效果。小区绿化的营造，形成了一树孤赏，二树对植，三树丛植，四树滴翠，万花妖艳。小区的大草坪布局大气美观，展现一种草原风范。小径通幽，绿树成荫，使人仿佛置身于公园之中。整个小区无论平视或鸟瞰，都有良好的景观效果，做到了“三季有花、四季常青”。

项目名称：雅豪丽景小区环境景观工程
施工单位：重庆绿韵园林景观工程有限公司
项目荣誉：2009年度重庆市“茶花杯”优秀园林绿化工程奖
项目规模：用地面积48500㎡，规划建筑面积约196400㎡，景观面积20800㎡，其中绿化面积15668㎡
项目简介：

该小区为中档高层住宅小区，工程合理配置功能，采用分组自然式布局，点线面结合的手法，以两条主要的景观轴线串联各景点，两条景观轴线作为小区最重要的观赏游览路线，充分展示出小区环境景观形象和特色。该工程规划设计合理充分考虑了小区居住者的生活特点，分别营造出不同的场所，以满足其休闲、健身、娱乐、交流等时机要求。小区植物生长良好，景观效果佳，环境生态效应显著，充分体现了景观的愉悦性、地域性、生态性及节约性。

项目名称：重庆东原1891园林景观工程
施工单位：重庆金点园林股份有限公司
项目规模：工程面积约6500㎡
项目简介：

该项目为屋顶花园景观工程，面积虽小，但自然茂盛、层次分明、水景丰富、功能齐全，能够满足不同年龄层次的人们休憩和观赏。整个小区景色以东南亚风格为蓝本，有极具异域风情的园中馆、喷水景墙与水池小品的结合、景墙与植物的结合、建筑物与廊架的结合、绿篱构成的儿童迷宫等景色，处处体现了自然与和谐。中东海枣、老人葵等热带植物点缀其中，形成丰富的景致，不仅符合现代人健康生活的概念，更体现了人景互动的景观时尚。

1891

项目名称：卓越·美丽山水园林景观工程

施工单位：重庆市园林建筑工程（集团）有限公司

项目规模：42000㎡

项目荣誉：2009年度重庆市“茶花杯”优秀园林绿化工程奖

项目简介：

该项目位于秀美的沙滨路旁，依照原有坡地地形结构，坐南朝北，合理分布7幢大楼，以东、西两侧组团抱合正中组团，中庭开口直面江面水湾，是典型的东南亚风情园林景观小区。

美丽山水由境外设计师负责设计，硬景、小品设计复杂且工艺要求高，景观形象以水和植物造景为主，依山就势形成优美的台地园林景观。水景既有磅礴大气的中央水景区域，也有小巧灵动的喷泉，营造出回归自然的氛围，带来真正意义上的精神享受。大乔木使用较多，各种植物生长健壮，错落有致，层次丰富，形态优美。园林建筑小品及公共服务设施配置协调，相得益彰。

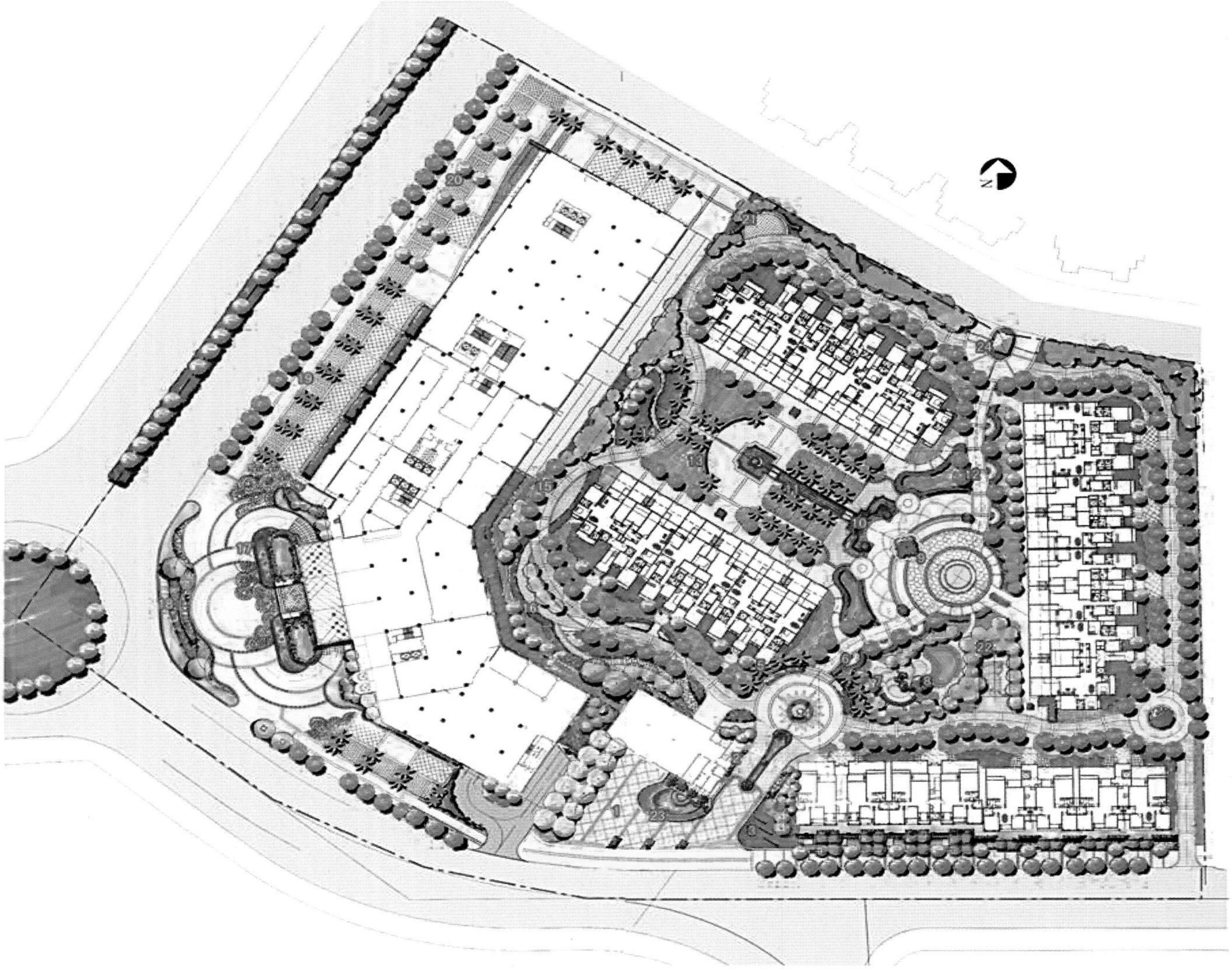

项目名称：金易·伯爵世家二期景观工程
施工单位：重庆人和园林工程有限公司
项目规模：35566㎡
项目荣誉：2013年度重庆市“茶花杯”优秀园林绿化工程奖
项目简介：

整个社区的植栽以创造健康生态环境为总原则，以总体景观设计理念为主导。将植物或主或客与建筑、小品充分协调，体现整体统一。根据植物自身的特性合理配置植物群落，创造人与自然和谐共存的生态居住环境。沿轴线一带栽植，追求规范、简洁。修剪成型的植物诉说和烘托着尊贵典雅的欧洲风情式的气氛。

金易·伯爵世家

01 泰式风情广场
02 石砌景观墙
03 泰式草亭（值班室）
04 泰式热带水景
05 艺术小喷泉
06 树下景观平台
07 泰式风情水池
08 残疾人坡道
09 泰式风情架空层休闲区
10 泰式风情观景亭
11 林下步道
12 水中大树
13 泰式雕花实墙
14 艺术铺装节点
15 棋牌室
16 泰式风情架空层休闲区
17 乒乓球室
18 塑胶娱乐场
19 运动器械
20 羽毛球场
21 泰式跌水景墙
22 泰式双坡草亭
23 艺术铺装节点
24 泰式风情架空层休闲区
25 泰式风情栈道
26 树下观景平台
27 泰式风情水景

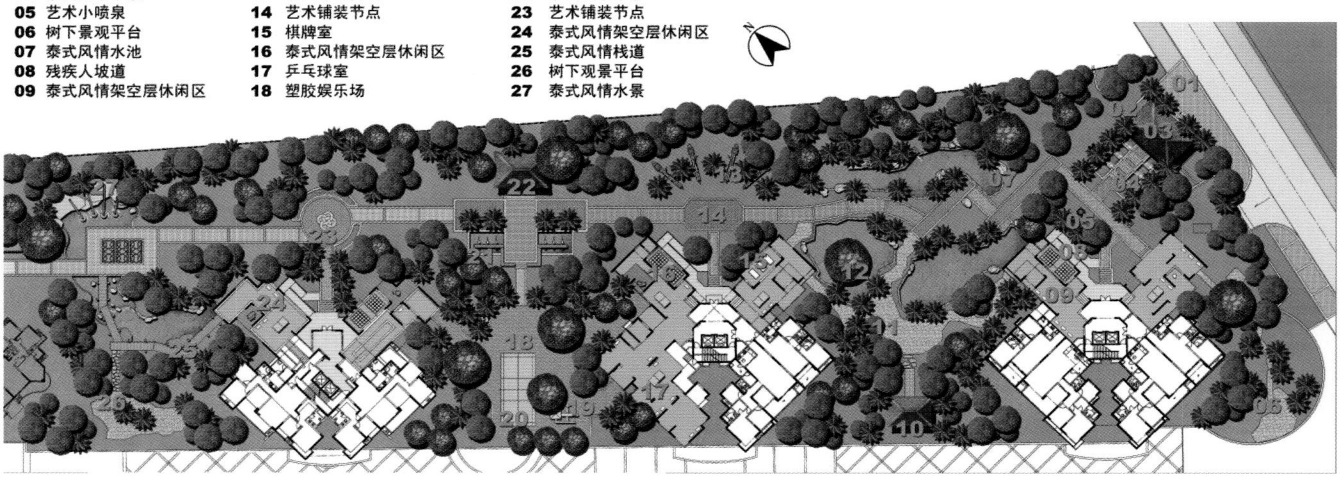

项目名称：骏逸第一江岸景观工程

施工单位：重庆英才园林景观设计建设（集团）有限公司

项目荣誉：2001年度全国新世纪人居经典住宅规划环境金质奖，2010年度重庆市“茶花杯”优秀园林绿化工程奖，2004年度重庆市优秀规划设计项目三等奖

项目简介：

该项目景观工程建筑风格和环境景观定位于泰式园林风格。在园林空间中，无论是以植物为主景，还是植物与其他园林要素共同构成主景，在植物种类的选择、数量的确定、位置的安排和方式的采取上都强调了主体，做到了主次分明，表现出第一江岸景观工程的景观特色和泰式园林风格。

该工程园林树木品种丰富，园林植物高低错落、疏密有致、四季有变化、动势均衡，在空间及色彩变化方面带给景观上的变化都是极为丰富的，充分发挥了植物本身形体曲线和色彩的自然美，在人们欣赏自然美的同时，提供和产生有益于人们生存和生活的方式和生态效应。

项目名称：重庆市渝中区化龙桥项目B1-1/01地块外围及软景绿化工程（瑞安・重庆天地）
施工单位：重庆正红园林景观设计工程有限公司
项目规模：32000㎡
项目简介：

本项目是融合江景、山景和重庆特色的梯田式自然主题庭院为一体的滨江特色高层楼盘。绿化景观风貌以自然式风格为设计原则，景观采用了跌级花池与跌水的造景方式来消化原有的地形，在重庆的各楼盘中最具创新特色；通过对植物种类的搭配，使绿化更加饱满；利用景石、篱笆等自然元素引发人的情感、意趣、联想等心理反应，给人们创造舒适、宜人的环境。

销售中心
Sales center

项目名称：万科·缇香郡景观工程
施工单位：重庆英才园林景观设计建设（集团）有限公司
项目规模：22600㎡
项目荣誉：2012年度重庆市“茶花杯”优秀园林绿化工程奖
项目简介：

该景观工程强调了多层次及可变性，通过饰面材料颜色、肌理的变化，绿化植物的高低错落以及树种搭配，深化小品大样的细部处理，加深景观的丰富性，同时汲取古典园林的设计思想。

小区景观以建筑、建筑小品、雕塑、水体喷泉、植物、景观照明为要素，将国外先进的设计理念与独具特色的山城园林结合，并依形就势进行组团创意延伸，用完美的手法阐释博大与婉约、意境与格调、自然与和谐的辨证关系，运用现代的艺术手法过渡、穿插、渐进、演绎文化韵律，使视觉焦点灵活多变，使每个唯美的景观画面得到最大限度的分享。

项目名称：重庆鲁能·领秀城3号地块内庭园林景观工程
施工单位：重庆金点园林股份有限公司
项目规模：约15000㎡
项目荣誉：2011年度重庆市“茶花杯”优秀园林绿化工程奖
项目简介：该项目为现代中式风格，通过水系贯穿前后，处处透露江南水乡的雅致和灵动。水巷、景墙巧妙分隔空间，多处采用框景、障景、抑景、借景、对景、漏景、夹景、添景等中国古典园林的造园手法，运用现代的景观元素，营造丰富多变的景观空间。

项目名称：龙湖·拉特芳斯景观工程
施工单位：重庆金点园林股份有限公司
项目规模：17000㎡
项目简介：

拉特芳斯位于西永国际商务区，以世界先进城市为蓝本，首次推出法式风情商业街，景观绿化错落有致，突出浪漫与激情。

项目名称：丽景天成环境景观工程
施工单位：重庆市园林建筑工程（集团）有限公司
项目荣誉：2006年度重庆市“茶花杯”优秀园林绿化工程奖
项目简介：

本项目为高档住宅区景观，位于重庆市渝北区民俗文化村，毗邻碧津公园和双龙湖公园，主要景观集中在小区车行园路围合而成的中央椭圆形景观区域，建筑分散布置于中央景观区周围。景观以植物造景为主，植物配置多为重庆本地景观植物材料，合理有效地配置乔、灌、花卉、地被，形成各具特色的景观意境。儿童活动设施、运动锻炼设施、老年人活动设施分散设置于中央景观区，人们可以在空间绿地中很方便地玩耍、锻炼、休闲。主入口处大面积铺装和圆形或圆弧形树池花坛，配以树形优美的大树和具文化氛围的红色景墙，凸显了入口景观的气势，烘托出一种热情的迎宾氛围。小区一侧设有一个曲形的游泳池，以树池分割空间，为居民提供一个良好的游泳环境。

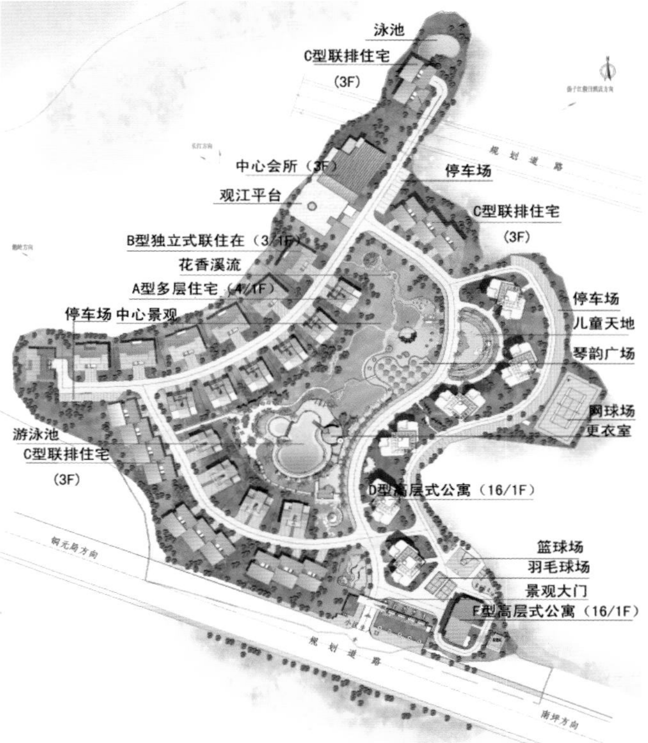

项目名称：帝景名苑景观工程

施工单位：重庆英才园林景观设计建设（集团）有限公司

项目荣誉：2001年度全国新世纪人居经典住宅规划环境金质奖，2004年度重庆市“茶花杯”优秀园林绿化工程奖，2004年度重庆市优秀规划设计项目三等奖

项目简介：

本项目规划上的一大亮点是依山傍水，临江而建。在设计上尊重自然生态环境，尊重原本地形地貌，尊重当地人文文化，在尊重的前提下引入了现代小区建筑、现代景观园林的设计理念，打造出一个高贵典雅、具有现代气息的住宅群。这里既有秀美精致的人工园林景观，也有漫山的原生态自然景色；既有从海外传入的西方文化中的优秀经典，也有四川当地历史文化中最质朴、最生动、最具生命力的长江文化。人工与自然相汇，中西文化相互交融，这些使这里美若人间仙境。

LANDSCAPE

同仁寄语

十年来金点园林以“创山水园林第一品牌”为目标，连续十年荣获“茶花杯”优秀园林绿化工程奖，是对全体金点人努力的肯定，它见证了金点园林的成长与发展。惟有精品才能长存是金点园林不懈的追求；打造经典的园林景观工程，营造出更多、更好的品味高雅、生态和谐、融合建筑、景观和文化为一体的园林精品，是金点的责任与梦想。在大地上作最美丽的画，实现金点梦、园林梦、中国梦。

重庆金点园林股份有限公司董事长
龙俊

“白云悠悠绕翠峦，问凯旋，是何年？芳草碧连天，绵延到家园。家园深在丛林中，叶正茂，枝正繁”。纵观十年路，重庆风景园林行业虽曾历经艰辛，却从未停止前行的脚步。

景观十年，风景百年。如今，巴渝大地天时地利人和皆备，愿携手各界乘风破浪，绿染万里河山，创我碧美生态家园。

重庆艾特蓝德园林建设（集团）有限公司董事长
熊大荣

WIT
英才集团

重庆园林独具大山大水的特色，在现代中国的园林景观建设发展中越来越重要。希望在“茶花杯”的持续推动下，重庆园林能走出重庆、引领全国。

重庆英才园林景观设计建设（集团）有限公司

十年前，我叩开了“茶花杯奖”的大门。十年中，我每年与它执手相看亲密接触。十年后，我再次捧起它，除了荣誉、骄傲，更多了沉甸甸的使命和责任。家乡的每一寸土地，都渴望被花朵妆扮；祖国的每一寸山河，都期待披上绿色的盛装；我的梦想，就是让千里北国万里南疆绿意盈盈，春色葱葱。当我的梦想与祖国的梦想合二为一，才能彰显我英姿勃发，气宇轩昂。中国梦中有我浓墨重彩的一抹朝阳，那就是金点人永恒的向往。金点，经典，是我追求的动力，让巴渝园林绽放神州，是我奋斗的方向。顺风兮，逆风兮，无阻我乘风飞扬。

重庆金点园林股份有限公司总经理
石成华

巴渝风景秀丽，双江汇流，人杰地灵，一步一景，景紧相连，汇聚十年，誉满山城，祝福《渝景十年》，相信这部书可以为生态文明建设聚焦能量，引领方向，创造未来！

重庆绿韵园林工程有限公司董事长
李洪武

这十年是重庆园林景观迅速发展的十年，是重庆直辖以来变化最大的十年，是重庆人民生活幸福的十年，也是我们重庆原野园林景观工程（集团）有限公司发展壮大的十年。

重庆原野园林景观工程（集团）有限公司总经理
黄建华

十年渝景，一件件呕心力作不断精美呈现，是园林人用智慧和汗水绘出的美丽画卷；是园林人勇于创新、开拓进取、坚持不懈的真实写照；是“茶花杯”非凡十年的美好见证，有效推动了园林事业的持续快速发展。

愿我们的环境更美丽，人民更幸福！

重庆长龙园林工程有限公司董事长、总经理
刘祥云

新的起航，新的旅程，新的企盼。

重庆市华景绿化有限公司董事长
陈代全

从初创期的艰难拼搏到现在的顽强跨越，重庆园建不仅是园林人点燃激情和放飞梦想的平台，更是园林人担当责任、践行使命、实现价值的人生舞台。一路风雨兼程，重庆园建饱含着各级领导长期的关心与支持，行业专家不断的鞭策和鼓励。

有缘相识，有幸相知。园建辉煌，感恩有您。展望未来，缤纷绚丽的园林事业正处于大发展的黄金时代，光辉灿烂的园林事业正行进在中国飞速发展的快车道。站在一个崭新的起跑线上，我们信心十足，目标明确，步伐坚定。重庆园建将专注于园林领域的发展战略，力所能及地为营造良好的生态环境、绿色健康的城市，为园林行业做出新贡献！

重庆市园林工程建设有限公司总经理
陈华川

过去的十年，重庆园林人得生态建设之天时，假山水峻秀之地利，在巴渝大地绘就了一幅幅精美、精致的生态画卷。将这十年的“茶花杯”作品汇编成册，《渝景十年》就是最好的纪念。

2004至今，九禾园林成立、成长，正好也是十年。十年来，九禾人尊重每个项目，用心打造有幸参与的每个景观空间，作品获奖并入选《渝景十年》，是对九禾十年的一种认可和褒奖，也是九禾人在今后更多的十年中，更认真、更努力地打造更多景观精品的起点。

以此与九禾同仁、园林同行共勉。

重庆九禾园林规划设计建设（集团）有限公司执行董事
詹燕

十年奇迹，十年经典！奇迹荣耀归来，经典等你再续！

重庆市禾丰生态园林有限公司董事长
邱本国

匆匆岁月,流年不歇， 十年的脚步早已远去,在我们的心中依旧感慨万千。行业既有春风得意，也有夏日炎炎，当秋风吹起，山雨转瞬即来。这是一种希望，更是一种未来。

重庆本勋园林绿化工程有限公司董事长
周本勋

园林景观不仅是物质的，也是精神的。她凝结了这个时代的科技、人文、社会与文化等要素，既是最外观独特性的艺术创造，也是最具内涵的综合性的艺术结晶。她是人类发达文明的标志，也是一个社会繁荣与国力强盛的象征。

我们有幸生在一个生活水平不断提高的时代，并且在市场的震荡与徘徊中得到磨练与发展。市场的实践使我们深信，任何一个园林景观项目的成功，不仅要付出加倍的努力，更要付出创造性的思考。同时她也是所有员工与业主协作与智慧的结晶。

只有思想先行，才是企业最稳健也是最快速的发展道路，也只有更好地为客户创造价值，才能体现自己的价值。

重庆格林绿化设计建设有限公司总经理、董事长
邓思德

2014年，与新世纪共同踏着起始之步，愿《渝景十年》走进千家万户！在当今快节奏的商品经济时代，我们为您保留一片自然、清新的净土。

重庆大方园林景观设计工程股份有限公创始人
钟科

渝景十年，天域十年。《渝景十年》记录着重庆园林行业近十年发展的优秀成果，也见证了天域十年来的成长历程。寄语此书加强业内外的交流，促进重庆风景园林行业发展，提升行业技术创新水平。作为一名园林人，我们既满怀梦想，也深感责任重大，必将持之以恒，以科技创新为引领，以打造美丽中国、建设生态家园为己任，兢兢业业，不断提升，为重庆园林行业发展贡献力量。

天域生态园林股份有限公司董事长、总裁
罗卫国

公司始终本着“以人为本，诚信治业”的企业宗旨，秉承“园林为主，多元发展，求真务实，集约经营”的发展思路，实施科学发展观，着眼开拓市场，立足重庆，面向全国，为建设山水园林城市做出更大的贡献。希望各界朋友继续给我们关心和支持，让我们携手共进，再创辉煌！

重庆兴宏园林公司、兴宏农产品开发有限公司董事长
方定洪

风舞双江，雨润海棠，峨岭鸳鸯，忆浮云卅载，跌宕沉浮，笳想声凉，四海寻索，七番聚散，万千俊杰空相望。恨流年，憾恭州如画，何处风光？旖旎千里江山，引豪杰踏浪闯八方，谒老君金佛，石寨张王，滕阁峨嵋，濯水泰昌，承续文脉，梳点山川，更有海天伴君航，待来日，且青梅祝捷，迎大吉祥。

重庆市园林建筑工程（集团）有限公司总经理
吴兆平

渝景十年，一路相随，一同成长。

重庆欧泽园林景观工程设计有限公司总经理
陈泰林

“诚信经营、持续发展，做大做强、厚报社会”是集团公司的企业愿景。我们将与社会各界有识之士一道，为促进地方经济持续增长而尽心竭力！为助力实现中华民族伟大复兴的中国梦而努力拼搏！

重庆渝西园林集团有限公司董事长
王洪

中国园林是诗情画意的结合，具有以诗入画，以画入园的艺术境界。把文学语言与园林建筑的语言结合起来，即创造出了“风景如画”的园林艺术境界。

重庆建工大野园林景观建设有限公司董事长
周宇

祝愿《渝景十年》能够成为优秀企业理念传播的先导，风采展示的平台，经验交流的园地，社会文明的推手，推动园林企业从绩优走向质优，从辉煌走向卓越。

重庆市花木公司常务副总经理
舒仕勇

漫漫十年创建路，勃勃生机园林城。我们随着园林行业的发展轨迹一路走来，身后所留下的，除了自己的脚印，还有对其他园林人刻画的靓丽风景的美好记忆。我们一边创造、分享，享受赞美的成就感；一边欣赏、学习，享受交流的满足感。作为园林人，我们为这些美丽的印迹感到自豪；作为园林人，我们也一直在路上。

重庆绿巨人园林景观有限公司总经理
黄巧

“茶花杯”作为重庆优秀园林工程的最高荣誉，我们公司能够参与倍感荣幸。公司以后会再接再厉，打造出更多优质的工程项目，为重庆的园林景观事业贡献一份力量。

重庆金三维园林市政工程有限公司园林景观工程负责人
余劲松

遵循生态，因地制宜，创造优雅、放松、生态、安全的园林景观风貌。将园林景观艺术升华为心理与精神的愉悦。

广厦重庆园林艺术工程有限公司总经理
陈松

采菊东篱下，悠然见南山。

每一个人心中都怀有一种田园式人居生活的梦想。然而，随着全球经济一体化的推进，不断生长出来的工厂、道路、桥梁、高楼却日益改变着我们自身的环境，使我们终日被钢筋水泥所困扰，再也见不到天空中的星辰，呼吸不到大自然的清新空气，也嗅不到雨后泥土的芳香。

人们在创造财富的同时，也在破坏其赖以生存的环境。

“三色”人是一群追梦的人，我们以“努力创造生态、和谐人居环境”为企业愿景，力图在工业化、城市化的进程中探寻一条“人与自然和谐发展”的道路，修复和保护被破坏的自然环境，改善和提升我们的生活质量，让我们与大自然有更多的接触和交融。

我们为自己能够从事园林绿化和生态环境建设这一职业而感到无比自豪。

“多彩空间，源于三色”，我们不仅希望我们的事业是丰富多彩的，我们还希望生活也是丰富多彩的。为此，三色将建立一种制度和机制，将倡导一种更加包容的文化，为员工提供一种公平的学习和晋升机会，搭建一个能够充分发挥自身才能的平台，与企业共同进步、共谋发展。

我们真诚期盼与社会各界携手合作，共创辉煌的未来。

重庆三色园林建设有限公司董事长
郑瑞雪

由重庆市园林行业协会统筹创办的重庆优秀园林工程作品专著——《渝景十年》出版了，介绍了近十年重庆园林绿化企业“茶花杯”优秀园林绿化工程的获奖作品，记录了重庆园林企业十年来完成的园林精品工程。

我们坚信，在重庆市园林行业协会和园林企业同仁的共同努力下诞生的《渝景十年》，将对园林行业发展具有深刻的学术意义，成为展示重庆风景园林的平台、向外界学习交流的桥梁，以及成为宣传推介重庆风景园林行业的一张名片。

重庆宏兴园林工程有限公司董事长
涂彬

园艺创造新巴渝，林海妆点美山城。
十载建设酬壮志，年年瑞景再辉煌。

重庆致盛建筑园林景观工程有限公司总经理
余家熙

中源人愿以至诚至真之心，与各界朋友一路同行，携手共进，为建设人居环境优美宜居的美丽巴渝不懈努力，再创辉煌！

重庆中源园林工程有限公司董事长
曾红伟

2014年中国省市园林行业协会工作交流会于重庆召开之际，重庆优秀园林工程作品专著——《渝景十年》出版了。《渝景十年》介绍历届重庆“茶花杯”优秀园林绿化工程获奖作品，记录重庆园林行业近十年发展的优秀成果和宝贵信息，这对加强行业内外交流合作，促进行业融合发展，推动行业科技创新，提升重庆风景园林行业发展水平与学科地位意义重大。

重庆华宇园林股份有限公司是在风景园林的阳光雨露中成长起来的，我们珍惜、感恩风景园林的阳光雨露，并努力在这阳光雨露中生根、发芽、开花、结果。

华宇园林园林股份有限公司总经理
赖力

《渝景十年》仅仅是生态重庆建设的一个新的起点……

重庆金土地园林工程有限公司原董事长
陈晓林

《渝景十年》是重庆园林行业发展过程中一个具有标志性意义的里程碑，它见证着重庆园林行业从无到有、由弱到强的历程，它对重庆园林行业的过去和现状做出了最好的梳理和总结，同时更是给重庆园林行业未来的发展指明了方向。

重庆大地园林设计工程股份有限公司作为重庆市的园林企业的一员，在过去的十年时间里，我们同样经历了由弱到强的过程，在发展历程中我们愈发坚定了对重庆园林行业发展前景的信心。我们将会同所有的重庆园林人共同努力，携手并肩，相濡以沫，为重庆园林行业的发展贡献我们的力量。《渝景十年》的出版，将会成为重庆园林走出重庆、走向全国乃至于走向世界的一张响亮的名片，而参与其中的我们也感到无比的自豪和荣幸。相信在不久的将来，重庆园林将以更加坚实的脚步，更加包容的心态，更加完善的理念，在中国园林乃至世界园林行业中占据举足轻重的位置。

重庆大地园林设计工程股份有限公司董事长
王昌

我们从事传统园林、古典建筑营造的工作者，深深知道文化传承和坚守的含义。

重庆大千园林古建筑设计院有限公司院长
李震

古典园林建筑是巴渝景园的奇葩，我们很乐意默默地为她培土浇灌。

重庆市山地园林建筑工程有限公司总经理
王小群

精耕市场20年，星月一直致力于在中国大地上构筑健康绿色。今天的成绩靠的是坚持不懈的努力。将来客户责任、行业责任和社会责任更是星月人的己任。“将欲取之，必先予之”。在市场洗礼的今天更加努力向前，闯出一条特色之路。

重庆市星月园林景观工程有限公司董事长
谢群

园林让城市更好地呼吸！

重庆开宜园林景观建设有限公司董事长、总经理
刘晓东

渝景十载，景秀百年。

招商局重庆交通科研设计院有限公司景观与建筑工程分院院长
杨航卓

《渝景十年》是以重庆市“茶花杯”优秀园林绿化工程获奖作品为主，吸收了部分其他优秀园林工程范例的园林工程专业书籍。它图文并茂地展示了重庆园林工程的历史足迹和成长风采，它是重庆园林艺术文化的传承和“重庆园林人”集体智慧的结晶。

“茶花杯”优秀园林绿化工程荣誉奖是重庆园林行业对园林工程的最高质量奖。受市园林局委托，重庆市园林行业协会从2003年开展重庆市“茶花杯”优秀园林绿化工程评选至今已十年有余。十年来，园林人用自己的聪明才智和辛勤汗水营建了居住区绿化优秀工程，公园、景区优秀工程、广场、道路绿化优秀工程和单位绿化优秀工程等多种类型的“茶花杯”优秀园林绿化工程122个。这项活动的开展，不仅提高了园林绿化工程的科技含量和园艺水平，引导园林企业打造更多更好的品位高雅，形象时尚，生态幽美，景观别致，靓丽多姿的园林佳品，为提高人民生活质量，改善重庆生态环境，发展地方经济，建设美丽重庆作出了贡献。同时也促进了重庆园林企业健康成长。重庆英才景观设计建设（集团）有限公司和重庆金点园林股份有限公司荣获重庆市“茶花杯”优秀园林绿化工程十年冠。

在此，特向获得“茶花杯”优秀园林绿化工程的所有企业表示热烈的祝贺，向一贯支持重庆“茶花杯”优秀工程的领导和朋友们表示衷心的感谢。

同时，《渝景十年》在编撰出版过程中也得到了各级领导和同仁们的关心和支持，尤其是重庆艾特蓝德园林建设（集团）有限公司熊大荣董事长和员工们的倾力相助。对此，一并表示诚挚的谢意。

本书编撰匆忙，多有不足，敬请指正和海涵。

重庆市园林行业协会

2014年9月